新编高职高专旅游管理类专业规划教材

谢彦君　总主编

JIUSHUI ZHISHI YU JIUBA GUANLI

酒水知识与酒吧管理

何立萍　编　著

U0241883

北京·旅游教育出版社

新编高职高专旅游管理类专业
规划教材编委会

主　任　谢彦君

委　员　（按音序排列）

　　　　狄保荣　　韩玉灵　　计金标

　　　　姜文宏　　罗兹柏　　王昆欣

　　　　张广海　　张新南　　朱承强

总 序

　　经过将近三年的策划与组织，旅游教育出版社的"新编高职高专旅游管理类专业规划教材"终于要整体付梓印行了。本套丛书不管是在编写宗旨的确立还是在撰著者的遴选方面，都经历了一个较为严谨而细致的过程，这也为保证丛书的质量奠定了一个良好的基础。

　　中国的高等旅游教育和旅游产业发展，已经度过了三十多个春秋。从20世纪70年代末的筚路蓝缕到今天已蔚为大观的局面，这当中包含了几代学人和业者共同努力、共同创业的艰辛。在今天看来，尽管在这个知识和行业共同体中曾经并依然存在着观点、思想和认识上的碰撞和摩擦，但一路前行的步伐却始终没有停止过。这也是中国旅游教育界、旅游产业界呈现于世人的最令人鼓舞的风貌和景观。

　　在整个高等旅游教育体系中，职业教育的发展只是在最近的十几年中才真正被政府纳入到大力发展的战略框架当中，并在今天形成了占据旅游高等教育半壁江山的势头。如果站在整个旅游高等教育的视野来审视旅游职业教育和普通教育在整个旅游高等教育中的局面，大家会有一个基本的共识：旅游高等职业教育在人才培养方面，无疑更加体现了专业细分、供需对接、学为所用的人才培养效率和效果，并不像旅游本科教育那样，每年的毕业生有70%以上流入其他行业或领域，从而造成社会教育资源的极大浪费。这个问题学界多有认识、阐述和呼吁，并一致认为，其根源在一定程度上是由本科专业目录管理过于僵化的行政机制所造成。值得欣慰的是，最新的本科专业目录调整方案中，已经增设了饭店管理专业，这一举措借鉴了旅游专业高等职业教育按照旅游大类进行专业细化的成功方面，昭示了旅游大类下设专业(二级学科)进一步有限度地细化的趋势。

不过,尽管旅游专业的高等职业教育有其成功的地方,但也不是没有问题。在专业格局有了科学规划的前提下,人才培养的质量就取决于具体的人才培养方案了。在这当中,各个学校所拥有的教学资源、师资队伍、教材、教学法等方面的准备,就成为关键的教育因素。如果仔细盘点目前我国旅游专业高等职业教育在这一方面的家底,其实还很不容乐观。在我看来,由于我们对职业教育在认识上还不够成熟,准备上还不够充分,操作上还有待完善,加之旅游职业教育向来多以接待服务为教育的主体内容,缺乏硬技术、高门槛,因此,中国的旅游职业教育,依然显得离岗位培训距离不远、差异不大。在知识体系和职业技能的衔接方面,始终没有找到最好的途径和策略。因此,旅游职业教育在培养人的职业深度发展空间方面,始终有浅薄无力的缺欠。这是一个需要警觉,同时也是一个需要时间才能加以解决的问题。

　　旅游教育出版社在策划本套丛书的初期,就曾意识到这个问题,并有努力解决这一问题的想法。在本套丛书的书目确定、作者遴选、写作宗旨的厘定等方面,都试图对上述问题作出回应。从各位作者所作的努力来看,本套丛书还是在一定程度上解决了这个问题。整套丛书中,不乏在这方面做得很好的,也有在其他方面展现了充分特色的著作。因此,希望本套丛书的面世能够给旅游职业教育提供一套比较适用的教材资源。

　　本套丛书的作者都来自职业教育工作的教学与科研第一线,他们在各自所长的学科领域也都多有建树。作为本丛书的主编,我十分感谢他们在编写过程中所作出的巨大努力以及展现出来的合作与奉献精神。

　　由于水平所限,加之本人对旅游职业教育的理解缺乏深度,因此,本套丛书还是会存在总体架构、基本思想和具体编写工作方面的诸多不足甚至错谬。希望广大读者和其他人士对本书的缺欠不吝赐教,以图再版时予以修正,避免贻误学生。

　　是为序。

谢彦君

2011 年 7 月 22 日于灵水湖畔

前言

随着中国经济高速发展,人们的物质消费水平越来越高,精神品位也在提升,人们休闲娱乐的方式日趋多元化,开始转向酒吧娱乐。各种个性休闲的主题酒吧、交友吧、商务会谈吧等层出不穷,中国北京、上海、广州、云南、杭州等酒吧品牌一条街广为众多消费者关注。酒吧内最放松的环境、最流行的音乐、最激情的现场、最好喝的酒水等,使之已经成为人们满足物质生活、追求精神享受的最佳场所之一。

娱乐休闲不断发展,相应地各大城市酒吧数量也迅速增加,因而对专业调酒师的需求随之递增。对于酒吧来讲,调酒师是其中不可缺失的角色,是酒吧的灵魂。酒吧调酒师是具有很强的艺术性和专业性的技能型工种,时尚又玩酷的工作,非常吸引年轻人加入这一行业,但要成为一名合格的调酒师必须经过专业指导和相关培训。

因而编写一本专业的酒吧从业指导用书,结合中国本土特色进行专业指导来满足读者的需要非常迫切。本文作者曾赴海外进行酒吧工作和进修,多年来在国内从事调酒师、侍酒师、品酒师培训教学实践工作,多次指导酒吧人员进行国家级、省级各类调酒大赛并多次获奖,有着丰富的调酒专业知识和实践经验,为了给有志加入调酒师行业的人员提供有效的指导用书,作者精心编写了这本实用性较强的《酒水知识与酒吧管理》教材。

全书紧紧围绕"模块—项目—任务—实训"的形式开展内容的设计,系统地介绍了酒吧经营中必备的酒水基础知识,并结合酒吧服务与管理的实践经验,将酒吧服务标准流程及酒吧吧台设计、酒吧的日常业务管理、酒吧的人员及成本管理等管理技能,有机地融合在教材中。全书的内容体系共由4大模块15个项目组成,既可作为高等院校饭店管理专业酒水服务与管理的教材,也可作为从事饭店和酒吧管理工作等相关人员的参考和指导用书。

本书在编写过程中，借鉴了国内外相关资料，也得到了杭州黄龙饭店、君澜世贸大酒店等多家高星级酒店的大力支持，为本书拍摄图片、收集资料等提供了帮助，在此一并深表谢意！

何立萍

2016 年 2 月

目 录

模块一　酒水认知

模块二 酒吧认知

模块三　酒吧服务

模块四　酒吧管理

模块一　酒水认知

酒水概述

1. 酒水的概念及分类
2. 酿酒原理及酒品风格

任务一　酒水的概念及分类

一、任务描述

- 了解酒水的概念
- 掌握酒水的主要分类

二、相关知识

（一）酒水的定义

酒水就是人们通常所说的饮料（beverage）的总称。酒水，顾名思义，既包含酒，也包含水。其中"酒"是人们熟悉的含有乙醇的饮料，而"水"是饭店业和餐饮业的专业术语，指所有不含乙醇的饮料或饮品。一般来讲，按照是否含酒精，酒水可分成两大类的饮料，具体如下。

1. 酒精饮料

所谓酒精饮料（Alcoholic Drink），也就是人们日常生活中常说的酒，是指酒精浓度在 0.5%（容量比）以上的饮料。它是一种比较特殊的饮料，是以含淀粉或糖质的谷物或水果为原料，经过发酵、蒸馏等工艺酿制而成的。酒精饮料因含有酒精成分，故而带有一定的刺激性，能够兴奋神经、麻醉大脑，是人类日常生活中重要的饮品。

2.非酒精饮料

非酒精饮料(Non–alcoholic Drink)又称软饮料(Soft Drink),是指一种酒精浓度不超过0.5%(容量比)的提神解渴饮料。绝大多数非酒精饮料不含有任何酒精成分,但也有极少数含有微量酒精成分,不过其作用也仅仅是调剂饮品的口味或改善饮品风味而已。软饮料是日常生活中补充人体水分的来源之一,碳酸饮料和其他的非碳酸饮料,如茶、果汁等不仅能解渴,而且在饮用时还能产生舒畅的愉快感。

非酒精饮料的分类方法有很多,如:按其是否含有二氧化碳,可将其分为碳酸饮料和非碳酸饮料;按其物理状态,可将其分为固体饮料和液体饮料;按其原料及特点,可将其分为矿泉水、果蔬饮料、乳饮料、茶、咖啡等。

酒吧中常见的非酒精饮料有茶水、咖啡、苏打水、汤力水、干姜水、矿泉水和酸奶等。

(二)酒度表示法

酒度指乙醇在酒液中的含量,是对饮料中所含乙醇量大小的表示。目前国际上酒度的表示方法有以下三种。

(1)国际标准酒精度。标准酒精度是指在20℃条件下,每100mL饮料中含有的乙醇的毫升数。它是由法国著名化学家盖·吕萨克发明的,因此标准酒精度又称盖·吕萨克酒度(GL),用%(V/V)表示。例如,12%表示在100mL酒液中含有12mL的乙醇。

该标准1983年1月1日起开始在欧洲地区实行,我国酒水类规定采用此标准表示。例如,五粮液的酒精度有48度、52度等,这就表明其每100mL酒液中含有48mL、52mL的乙醇。

(2)英制酒精度。英制酒精度是在18世纪由英国人克拉克所创造的一种酒度计算方法。英国将衡量酒度的标准含量称为proof。即设定在华氏51度,比较相同体积的酒精饮料与水,在酒精饮料的重量是水重量的12/13的前提下,酒精饮料的酒度为1 proof。1 proof等于57.06%(V/V)的标准酒度。英制酒度使用sikes作为单位,1proof等于100 sikes。

(3)美制酒精度。美制酒精度的计算方法是在华氏60度,200mL的饮料中所含有的纯酒精度的毫升数。美制酒精度使用proof作为单位,美制酒度大约是标准酒度的2倍。例如,一杯酒精含量为40%(V/V)的伏特加酒,其美制酒度是80proof。

英制酒度和美制酒度的发明都早于标准酒度,它们都用酒精纯度来表示,但三种酒度之间可以进行换算,见表1–1–1。如果知道英制酒度,想知道对应的美制酒度或标准酒度,只要通过下列公式就可以换算出来:

标准酒度×1.75 = 英制酒度

标准酒度×2 = 美制酒度

英制酒度 ×8/7 ＝美制酒度

表 1 – 1 – 1   酒精度换算表

国际标准酒精度 ％（V/V）	40	43	46	50	53	60
英制酒精度 proof	70	75.25	80.50	87.50	92.75	105
美制酒精度 proof	80	86	92	100	106	120

（三）酒的分类

酒精饮料有很多种类型,按照生产方法、配餐方式、饮用方式和酒精含量的不同,可分别加以归类。

1. 按酒的生产方法分类

酒的生产方法通常有三种:发酵、蒸馏、配制。生产出来的酒分别被称为发酵酒、蒸馏酒和配制酒。

（1）发酵酒。发酵酒又称为原汁酒、酿造酒,是指将酿造原料(通常是谷物或水果)直接放入容器中加入酵母菌进行发酵酿制而成的含有乙醇的饮料。饭店里常见的发酵酒有葡萄酒、啤酒、其他水果酒、黄酒、米酒等。

（2）蒸馏酒。蒸馏酒又称为烈酒,是将经过发酵处理的含有乙醇的原料(发酵酒)加以蒸馏提纯,然后经过冷凝处理而获得的含有较高乙醇纯度的液体。饭店里常用的蒸馏酒有金酒、威士忌、白兰地、朗姆、伏特加、特基拉和中国的白酒,如茅台、五粮液等。

（3）配制酒。配制酒是酒与酒之间相兑或者酒与药材、香料和植物等浸泡而成的。配制酒的方法很多,常用浸泡、混合、勾兑等。

2. 按西餐配餐方式分类

按西餐配餐的方式,酒可分为以下四种类型。

（1）餐前酒(开胃酒)。可以刺激食欲的酒都可以称为餐前酒或开胃酒,起到刺激食欲等功效。

（2）佐餐酒(以葡萄酒为主)。是西餐配餐的主要酒类,其中包括红/白葡萄酒、玫瑰红葡萄酒和起泡酒等。餐酒中包含有酒精、天然色素、脂肪、维生素、碳水化合物、矿物质、酸类等营养成分。

（3）餐后酒(主要指利口酒这类)。餐后饮用的是糖分较多的酒类,有帮助消化的作用。这种酒有多种口味。原料有两种类型:果料类包括水果、果仁、果籽等;植物类包括草药、茎、叶类植物,以及香料植物等。制作时,用烈酒加入各种配料和糖配制而成。

（4）其他配餐酒。如:烈酒,通常指酒精度在 40 度以上的酒。这类酒包括金酒、威士忌、白兰地、朗姆酒、伏特加和特基拉等。啤酒是用麦芽、水、酵母和啤酒花直接发酵制成的低度酒;鸡尾酒是混合两种或两种以上的材料而制成的饮料;等等。

3.按酒精含量分类

按酒精含量的多少,酒可分为低度酒、中度酒、高度酒三种类型。

(1)低度酒。酒精度数在 20 度以下的酒为低度酒,常用的有葡萄酒、桂花陈酒、香槟酒和低度药酒以及部分黄酒和日本清酒。

(2)中度酒。酒精度数在 20°~40°的酒被称为中度酒。常用的有餐前开胃酒、餐后甜酒(波特酒、雪利酒)等;国产的竹叶青、米酒等也属于此类。

(3)高度酒。指酒精度数在 40 度以上的烈性酒。一般国外的蒸馏酒都属于此类酒。国产的如茅台、五粮液、汾酒、泸州老窖等白酒也属于此类酒。

三、实训项目

以小组为单位,对酒水进行归类,填写表 1－1－2。

表 1－1－2　辨别酒的分类

序号	生产方法	配餐方式	酒精含量(低、中、高)
1.黄酒			
2.五粮液			
3.白兰地			
4.味美思酒			
5.波特酒			
6.红葡萄酒			
7.威士忌			
8.啤酒			

任务二　酿酒原理及酒品风格

一、任务描述

- 了解酿酒基本原理
- 熟悉酒品的主要风格

二、相关知识

（一）酿酒原理

酿酒基本原理主要包括酒精发酵、淀粉糖化、制曲、原料处理、蒸馏取酒、老熟陈酿、勾兑调味等。

1. 酒精发酵

酒精发酵是酿酒的主要阶段，糖质原料如水果、糖蜜等，其本身含有丰富的葡萄糖、果糖、蔗糖、麦芽糖等成分，经酵母或细菌等微生物的作用可直接转变为酒精。

酒精发酵过程是一个非常复杂的生化过程，有一系列连续反应并随之产生许多中间产物，其中有30多种化学反应，需要一系列酶的参与。酒精发酵过程中产生的二氧化碳会增加发酵温度，因此必须合理控制发酵的温度。当发酵温度高于30℃～34℃，酵母菌就会被杀死而停止发酵。除糖质原料本身含有的酵母之外，还可以使用人工培养的酵母发酵，因此酒的品质因使用酵母等微生物的不同而各具风味和特色。

2. 淀粉糖化

糖质原料只需使用含酵母等微生物的发酵剂便可进行发酵；而含淀粉质的谷物原料等，由于酵母本身不含糖化酶，淀粉是由许多葡萄糖分子组成，因此采用含淀粉质的谷物酿酒时，还需将淀粉糊化，使之变为糊精、低聚糖和可发酵性糖的糖化剂。糖化剂中不仅含有能分解淀粉的酶类，而且含有一些能分解原料中脂肪、蛋白质、果胶等的其他酶类。

3. 制曲

酒曲也称酒母，多以含淀粉的谷类（大麦、小麦、麸皮）、豆类、薯类和含葡萄糖的果类为原料和培养基，经粉碎加水成块状或饼状，在一定温度下培育而成。酒曲中含有丰富的微生物和培养基成分，如霉菌、细菌、酵母菌、乳酸菌等。霉菌中有曲霉菌、根霉菌、毛霉菌等有益的菌种。"曲为酒之母，曲为酒之骨，曲为酒之魂。"曲是提供酿酒用各种酶的载体。酿酒质量的高低取决于制曲的工艺水平，历史久远的中国制曲工艺给世界酿酒业带来了极其广阔和深远的影响。

4. 原料处理

无论是酿造酒，还是蒸馏酒，制酒用的主要原料均为糖质原料或淀粉质原料。为了充分利用原料，提高糖化能力和出酒率，并形成特有的酒品风格，酿酒的原料都必须经过一系列特定工艺的处理，主要包括原料的选择配比及其状态的改变等。中国广泛使用酒曲酿酒，其原料处理的基本工艺和程序是精碾或粉碎、润料（浸米）、蒸煮（蒸饭）、摊晾（淋水冷却）、翻料、入缸或入窖发酵等。

5.蒸馏取酒

所谓蒸馏取酒就是通过加热,利用沸点的差异使酒精从原有的酒液中浓缩分离,冷却后获得高酒精含量酒品的工艺。在正常的大气压下,水的沸点是100℃,酒精的沸点是78.3℃,将酒液加热至两种温度之间时,就会产生大量的含酒精的蒸汽,将这种蒸汽收入管道并进行冷凝,从而形成高酒精含量的酒品。在蒸馏的过程中,原汁酒液中的酒精被蒸馏出来予以收集,并控制酒精的浓度。

6.老熟与陈酿

酒是具有生命力的,糖化、发酵、蒸馏等一系列工艺的完成,并不能说明酿酒全过程就已终结,新酿制成的酒品并没有完全完成体现酒品风格的物质转化,酒质粗劣淡寡,酒体欠缺丰满,所以新酒必须经过特定环境的窖藏。经过一段时间的贮存后,醇香和美的酒质才最终形成并得以深化。通常将这一新酿制成的酒品窖香贮存的过程称为老熟和陈酿。

7.勾兑调味

勾兑调味工艺,是将不同种类、年份和产地的原酒液半成品(白兰地、威士忌等)或选取不同档次的原酒液半成品(中国白酒、黄酒等)按照一定的比例,参照成品酒的酒质标准进行混合、调整和校对的工艺。勾兑调校能不断获得均衡协调、质量稳定、风格传统地道的酒品。酒品的勾兑调味被视为酿酒的最高工艺,创造出酿酒活动中的一种精神境界。从工艺的角度来看,酿酒原料的种类、质量和配比存在着差异性,酿酒过程中包含着诸多工序,中间发生许多复杂的物理、化学变化,转化产生几十种甚至几百种有机成分,其中有些机理至今还未研究清楚,而勾兑师的工作便是富有技巧地将不同酒质的酒品按照一定的比例进行混合调校,在确保酒品总体风格的前提下,得到整体品质均匀一致的市场品种标准。

(二)酒品风格

酒品的风格就是指酒品的色、香、味、体作用于人的感官,给人留下的综合印象。不同酒品,有其不同的风格;同样的酒品,也会有不同的风格。

1.色

酒液中的自然色泽主要来源于酿制酒品的原料,酿制时应尽量保持原料的本色。自然的色彩会给人以新鲜、纯美、朴实、自然的感觉,这样的色彩称之为正色。由于酒品一般在正常光线下观察带有亮光,因而色和泽是同时作用于人的视觉感官的。好的酒液像水晶体一样高度透明,优良的酒品都具有澄清透明的液相。不同的酒品色泽,表现出不同的风格情调。良好的酒色能充分表现出酒品的内在品质和特性,给人以美好的感觉。

2.香

酒品的香气历来是人们评价酒品时十分注意的,一般以香气浓郁清雅为佳品。

酒品的香气非常复杂,不同的酒品香气各不相同,同一种酒品的香气也会出现各种变化,人们一般习惯对酒香的程度和特点进行评价。表示各类不同酒品的香气有各自不同的术语。表示酒品香气程度有无香气、似无香气、微有香气、香气不足、浮香、清雅、细腻、醇正、浓郁、谐调、完满、芳香等;表示酒香释放情况有喷香、入口香、回香、余香、绵长等;描述不正常气味用异气、臭气、焦烟气、金属气、霉气等。

3.味

酒的味感是关系酒品优劣的最重要的品评标准,一般来说,酸、甜、苦、涩(微涩)对于不同的酒品来说均属正常味道。酸味给人以醇厚、干冽、清爽、干净的感觉;甜味给人以舒适、滋润、圆正、纯美、丰满、浓郁的感觉;苦味在一些酒品中也并非劣味;适量的涩味对于一些特定酒品来说可以提高品质。酒品中的辛辣味是不受欢迎的,给人以冲头、刺鼻等不良感觉。咸味也不是酒品的正常口味,常因生产中工艺处理不当而产生。怪味也称异味,是酒品中不应出现的气味,产生原因很复杂,一般表现为油味、糠味、糟味等。只有酒中各种味感相互配合、酒味协调、酒质肥硕、酒体柔美的酒品才能称得上是美味佳酿。

4.体

酒体是品评酒品的一个项目,是对酒品的色泽、香气、口味的综合评价,但不等同于酒的风格。酒品的色、香、味溶解在水和酒精中,并和挥发物质、固态物质合在一起构成了酒品的整体。评价酒品可用酒体完满、酒体优雅、酒体甘温、酒体娇嫩、酒体瘦弱、酒体粗劣等词语。

5.风格

酒品的风格是对包括酒品的色、香、味、体在内的全面品质的评价。同一类酒中的每个品种之间酒品的风格都存在差别,每种酒的独特风格应是稳定的、定型的。品评酒品风格使用突出、显著、明显、不突出、不明显、一般等词语。

三、实训项目

以小组为单位,对中国酒作简单认知,并进行品鉴活动,填写表1-1-3。

表1-1-3 辨别酒的香气风格

酒水序号	信息类别			
	代表香气	酿造工艺	年份	其他(味、酒体等)
1.绍兴黄酒				
2.茅台酒				
3.汾酒				
4.啤酒				

课后练习

1. 酒品主要有哪些分类?
2. 酒品的生产工艺有哪些?
3. 什么是酒体?
4. 评价酒品有哪些主要口味?
5. 国际上酒度的表示法有几种?

 知识拓展

世界上度数最高的酒

目前,世界上已知的度数最高的酒,是原产地波兰的波兰精馏伏特加(Spirytus Rektyfikowany)。它被西方人称为"生命之水"。经过了反复 70 回以上的蒸馏,达到了 96% 的酒精度数,堪称世界上最高纯度的烈酒。其主要原料是谷物和薯类。(见图 1 - 1 - 1)

图 1 - 1 - 1　波兰精馏伏特加

由于它比医院等机构一般消毒用乙醇度数还要高,紧急时刻可以作为消毒药用,同时,着火点很低,非常易燃,喝酒的时候不能吸烟,要禁火。只浅尝一口,嘴唇就会瞬间发麻、脱水。

发酵酒

学习目标

1.葡萄酒、啤酒的起源、发展及酿制工艺
2.葡萄酒、啤酒的分类及特点
3.黄酒、清酒的分类及品种

任务一　认识葡萄酒

一、任务描述

- 了解葡萄酒的起源
- 掌握葡萄酒的主要分类及酿制工艺
- 熟悉酿酒葡萄的主要品种
- 熟悉品鉴葡萄酒的方法
- 熟悉储存、保管葡萄酒的方法

二、相关知识

（一）葡萄酒的起源

欧洲最早开始种植葡萄并进行葡萄酒酿造的国家是希腊。公元前6世纪,希腊人把小亚细亚原产的葡萄酒通过马赛港传入高卢(即现在的法国),并将葡萄栽培和葡萄酒酿造技术传给了高卢人。罗马人从希腊人那里学会葡萄栽培和葡萄酒酿造技术后,很快在意大利半岛全面推广。古罗马时代,葡萄种植已非常普遍。随着罗马帝国的扩张,葡萄栽培和葡萄酒酿造技术迅速传遍法国、西班牙、北非以及德国莱茵河流域地区,并形成很大的规模。直至今天,这些地区仍然是重要的葡萄和葡萄酒产区。

15世纪至16世纪,葡萄栽培和葡萄酒酿造技术传入南非、澳大利亚、新西兰、日本和美洲等地。19世纪中叶,是美国葡萄种植和葡萄酒生产的大发展时期。1861年从欧洲引入葡萄苗木20万株,在加利福尼亚建立了葡萄园,但由于根瘤蚜的危害,几乎被破坏殆尽。后来,美洲防治了根瘤蚜,葡萄酒生产才又逐渐发展起来。现在,南北美洲均有地区生产葡萄酒,阿根廷、美国的加利福尼亚州均为世界闻名的葡萄酒产区。

(二)葡萄酒的主要分类及酿制工艺

葡萄酒是以葡萄为原料,经过压榨、破碎、发酵、熟化、换桶、澄清等工艺流程酿制而成的发酵酒。葡萄酒可以根据不同标准进行分类,如图1-2-1所示。

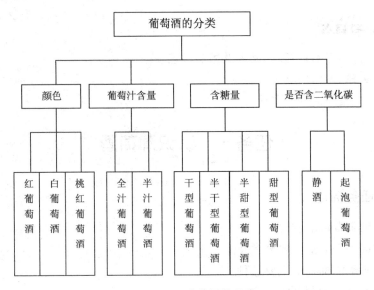

图1-2-1 葡萄酒的分类

1.根据酒的颜色分

(1)红葡萄酒(Red Wine)。使用红色或紫色葡萄为原料,经破解后,果皮、果肉与果汁混合在一起进行发酵,使果皮或果肉中的色素浸出,然后再将发酵的酒与原料分离。此酒颜色呈紫红、深红宝石色,酒体丰满醇厚,略带涩味,适宜与颜色深、口味浓重的菜肴配合饮用。

(2)白葡萄酒(White Wine)。将葡萄原汁与皮渣分离后单独发酵制成的葡萄酒。酒的颜色从深金黄色、浅麦秆色至近无色等。外观清澈透明,果香芬芳清新,幽雅细腻,口感微酸,舒适爽口。常与鱼虾、海鲜配合饮用。

(3)桃红葡萄酒(Rose Wine)。桃红葡萄酒的酿造方法前期基本上与红葡萄酒的方法相同,但皮渣在葡萄破碎液中浸泡的时间较短,或使用呈色较浅的原料,其发酵汁与皮渣分离后的发酵过程则完全与白葡萄酒的酿制方法相同。这种酒的颜色呈淡淡的玫瑰红色或粉红色,晶莹悦目。它既有白葡萄酒的芳香,又有红葡萄酒的和谐丰满,并且酒中丹宁含量极少,可以在宴席间与各种菜肴配合饮用。

2.按葡萄汁含量分

(1)全汁葡萄酒。全汁葡萄酒是发酵原酒,酒中除加入杀菌剂外,不另加入酒精、糖等其他成分。

(2)半汁葡萄酒。在半汁葡萄酒中,除酒精、糖分及 50% 的葡萄汁外,其余为辅料。

3.按含糖量分(符合国际葡萄酒会议分类方案的规定)

(1)干葡萄酒。干葡萄酒含糖量≤4g/L,品评时感觉不出甜味。这种酒中的糖分几乎已发酵完全,残糖一般不超过 3g/L,最好不超过 2.5g/L。如此低的残糖量,酵母难以再发酵,细菌也难再生长。

(2)半干葡萄酒。半干葡萄酒含糖量一般在 4 ~ 12g/L,品评时微有甜感。

(3)半甜葡萄酒。半甜葡萄酒含糖量一般在 12 ~ 45g/L,品评时有甘甜爽顺之感。

(4)甜葡萄酒。甜葡萄酒含糖量在 45g/L 以上,品评时有甘甜、醇厚之感。

4.按是否含二氧化碳分

(1)静酒。静酒也称作平静酒、静态酒、静止酒,是不含二氧化碳的葡萄酒。

(2)起泡葡萄酒。起泡葡萄酒包括香槟酒和加气起泡葡萄酒。

①香槟酒:它的生产方法通常是使葡萄酒经瓶内二次发酵而成。酒中的二氧化碳气体是自然发酵产生的。按法国有关法规和国际酒法,只有法国香槟区生产的这种酒才能叫香槟酒,别国别地用同样方法酿造的只能称为香槟法起泡葡萄酒。香槟酒工艺复杂、生产周期长、要求技术水平高,但风味独特美好,素有"葡萄酒皇后"的美称,是葡萄酒的名贵珍品,因此也较为昂贵。

②加气起泡葡萄酒:与香槟酒不同的是,加气起泡葡萄酒中的二氧化碳气体非自然发酵产生,而是人工充入的。葡萄汽酒具有清香爽口之口感。

不同种类的葡萄酒在酿造工艺上也存在着差异,下面介绍红葡萄酒、白葡萄酒和香槟酒的酿造工艺。

1.红葡萄酒的酿造工艺

红葡萄酒由红葡萄或紫色葡萄来酿造,红葡萄酒的压榨过程是在发酵后进行的,因此果皮、果核中的丹宁、色素和芳香物质就会在发酵过程中溶解于葡萄发酵

液当中,对葡萄酒起到着色、增香的作用。红葡萄酒的酿制工艺流程如下:

红、紫色葡萄→去梗及压榨→连皮发酵→换桶除去沉淀物→澄清→过滤→装瓶。

2.白葡萄酒的酿造工艺

白葡萄酒既可使用白葡萄来酿造,也可用去掉葡萄皮的红葡萄的果汁来酿造,无须经过果汁与葡萄皮的浸渍过程,可以直接用果汁单独进行发酵。酿制中应注意发酵槽的温度要比制作红酒低一些,这样做的目的是为了更好地保护白葡萄酒的果香味和新鲜口感。白葡萄酒的酿制工艺流程如下:

红、紫、白色葡萄→去梗及破皮→压榨去果皮取汁→发酵→换桶除去沉淀物→澄清→过滤→装瓶。

3.香槟酒的酿造工艺

香槟是一种独特的法定产区葡萄酒,它的酿造过程和销售都受到严格的管制。首先,用于酿酒的葡萄是人手工采摘的,以便随时舍弃那些损坏及尚未成熟的葡萄。采收的葡萄运抵酒窖后,每种葡萄都经过垂直式压榨机或水平式压榨机压榨。将葡萄汁灌装在注明产区的酒瓶或酒桶内进行第一次发酵。几周后,这些葡萄汁就会变成葡萄酒。将不同产区、不同品种和不同年份的酒进行勾兑,在经过勾兑的酒中加入少量的蔗糖和酒曲,装瓶加盖后,将酒瓶平放在香槟地区阴凉酒窖里的木板条上。糖在酒曲的作用下慢慢溶解产生气泡。在酒窖里存放几年,直到它具有完美的品质。

装瓶后进行第二次发酵,这时会产生沉淀物。当地人采用独特的生产工艺,在不用倒出瓶中酒的情况下,通过摇瓶和除渣的方法去除这些沉淀物。然后再加入适量的甜酒,其加入量决定酒的种类(特干、干、半干型),最后在酒瓶上加盖,贴上标签,这便是正宗的 Champagne(香槟酒)。

(三)酿酒葡萄的主要品种

表1-2-1 酿酒葡萄的主要品种

名称	中文名	原产国	种类
Cabernet Sauvignon	赤霞珠/卡本内苏维浓	法国	
Carignane	佳丽酿	西班牙	
Gamay	加美	法国	
Merlot	美乐/梅洛	法国 波尔多	红葡萄品种
Pinot Noir	黑品诺/黑品乐	法国	
Syrah(Shiraz)	席拉	北罗纳	

续表

名称	中文名	原产国	种类
Chardonnay	霞多丽	法国	白葡萄品种
Chenin Blanc	白诗南	法国	
Italian Riesling	贵人香	意大利　法国南部	
Riesling	雷司令	德国,法国的阿尔萨斯(ALSACE)	
Sauvignon Blanc	长相思	法国	
Semillon	赛美蓉	法国	

（四）葡萄酒的品鉴

品鉴葡萄酒好坏,可以从三方面入手。

1.外观分析

第一,我们需要观察葡萄酒的液面。葡萄酒倒入酒杯之后,观察液面的方法有两种:将装有葡萄酒的酒杯置于桌面上,垂直向下观察液面;将酒杯拿在手中,使酒杯底部略高于眼睛,从下向上观察。正常葡萄酒的液面,呈圆盘状,洁净、光亮、完整;透过圆盘状的液面,可观察到"珍珠",即杯体与杯柱的连接处,这表明葡萄酒具有良好的透明性。

第二,我们需要观察酒体。酒体的观察主要指以下方面:颜色(主要指色调与色度)、光泽、澄清度(透明度、混浊度)、沉淀物等。

（1）颜色

葡萄酒的颜色在葡萄酒的品评中起很大作用。通过颜色,我们可以判断葡萄酒的类型、年龄、成熟程度、健康状况等。色度:指葡萄酒颜色的深浅程度。色调:指葡萄酒置于酒杯中,稍倾斜酒杯,酒杯边缘所呈现的颜色。对于红葡萄酒来说,新鲜的葡萄酒呈紫色调,陈年的葡萄酒呈黄色调。随着葡萄酒陈年时间的增长,红葡萄酒的颜色愈来愈趋向于黄色,白葡萄酒的颜色则愈来愈深,但超过一定时期,葡萄酒开始衰老。

（2）光泽

正常的葡萄酒液面光亮,有光泽。受伤的葡萄酒则表面发暗、失光。这也是判断葡萄酒是否健康的一个标志。

（3）澄清度

观察葡萄酒澄清度的方法,就是将酒杯杯身置于与眼睛同高,看酒体是否透明,是否浑浊。白葡萄酒颜色较浅,应该都是透明的,酒中不含有悬浮物,澄清透亮。红葡萄酒由于颜色较深,透明度一般都较差,但在观察液面时所提的"珍珠",一定能够观察到,且酒中同样不能有悬浮物,酒体莹澈光亮。

（4）沉淀物

对于陈年的葡萄酒来说,特别是陈酿大于 5 年的葡萄酒,如果其中不含有色素的沉淀,则是不正常的;但若其中含有如橡木塞渣、片状的酵母菌残体、酒石酸结晶,则是不符合国家标准的,特别是在新酒中,应谨防这种情况。

2. 香气分析

握住杯颈或杯座,逆时针摇动,将鼻子伸入酒杯仔细闻香。葡萄酒的香气大致分为以下三类:

一类香气——是源于葡萄浆果的香气,又叫果香或品种香,如霞多丽具有柑橘、柠檬味的果香。

二类香气——源于发酵的香气,又叫发酵香或酒香,如酒液和酵母长期接触,可增添酵母风味,并让酒更加芬芳馥郁。

三类香气——源于陈酿的香气,又叫陈酿香或醇香,如橡木味、香草味、烟熏味等。

3. 口感分析

酒进入口腔后,将口微张轻轻吸气,使葡萄酒的香气通过鼻咽通路得到感知,搅动舌头使口中的酒均匀地分布在舌头表面。将葡萄酒在口内保留 10 秒以上,咽下少量葡萄酒,将其余部分吐掉,并鉴别余味。好的葡萄酒的香气应该包含葡萄的果香、发酵的酒香、陈酿的醇香,这些香气应该平衡、协调、融为一体,香气幽雅,令人愉快;质量差的葡萄酒则不具备这些特点,有突出暴烈的水果香(外加香精),或酒精味突出,或有其他异味,使人嗅而生厌。任何一个好的葡萄酒其口感应该是舒畅愉悦的,各种香味应细腻、柔和,酒体丰满完整,有层次感和结构感,余味绵长;质量差的葡萄酒,或有异味,或异香突出,或酒体单薄没有层次感,或没有后味。

（五）葡萄酒的储存和保管

葡萄酒保存一般要注意以下几个方面。

1. 葡萄酒的存放期

每种葡萄酒在饮用前,都需要存放一段时间。准确的存放时间取决于对新鲜与醇香二者的取舍。并不是说陈酿很久的葡萄酒就可放心饮用,因为葡萄酒的存放也是有期限的。一般来说,白酒需在两年内饮用,红酒要在五年内饮用。

2. 葡萄酒的贮存温度

温度是葡萄酒储存最重要的因素,这是因为葡萄酒的味道和香气都要在适当的温度中才能最好地挥发。如果酒温太高,苦涩、过酸等味道便会跑出来;如果酒温太低,应有的香气和美味又不能有效挥发。储存葡萄酒的温度最好要保持恒定,需要尽量避免短期的温度波动。通常温度越高,酒的熟化越快;温度低时,酒的成长就会较慢。

葡萄酒的理想保存温度是11℃,而且要恒温。温度越高,温差变化越大,葡萄酒提前结束生命的速度就越快。

通常贮存葡萄酒的最佳温度为10℃左右。一般来说,7℃~18℃的温度也不会有损害。要尽量避免酒窖内的温度波动,温度不稳定会给葡萄酒的品质带来一定的影响。要尽量避免在20℃以上长期存放葡萄酒,也不能低于0℃,否则葡萄酒会结石沉淀,因此减少酒的酸度。

当然,成熟速度的变化也因酿酒所用葡萄品种和酿造法的不同而不同。一般而言,不同的葡萄酒所要求的最佳储存温度如下:

半甜、甜型红葡萄酒 14℃~16℃;

干红葡萄酒 16℃~22℃;

半干红葡萄酒 16℃~18℃;

干白葡萄酒 8℃~10℃;

半干白葡萄酒 8℃~12℃;

半甜、甜白葡萄酒 10℃~12℃;

白兰地 15℃以下;

香槟(起泡葡萄酒)5℃~9℃。

3.正确的存放角度

平放是传统的摆放方式。水平存放葡萄酒瓶,是最科学的存放方法之一,在其四周还要放一些包装物品,这样软木塞可充分保持湿润、膨胀,使葡萄酒完全隔绝空气。但是研究发现,留存在瓶中的空气会在热胀冷缩的作用下把酒"挤"到瓶外,传统的平放方式会加大这种效应。所以最好把酒架呈45°存放,不过这种方式还没有被普遍使用。不要将酒瓶垂直放置,这样,软木塞会慢慢变干而缩小,使葡萄酒接触空气,从而使葡萄酒氧化变质。

注意:饮用前数小时,可将瓶竖直,让沉积物逐渐沉淀下去。

4.恰当的湿度

湿度的影响主要作用于软木塞。一般认为湿度在60%~70%是比较合适的。湿度太低,软木塞会变得干燥,影响密封效果,让更多的空气与酒接触,加速酒的氧化,导致酒变质。即使酒没有变质,干燥的软木塞在开瓶的时候也很容易断裂甚至碎掉,那时就免不了有很多木屑掉到酒里,这可是有点令人生厌的事情。如果湿度过高有时也不好,软木塞容易发霉,而且,在酒窖里的话,还容易滋生一种甲虫,会把软木塞咬坏。

5.避免阳光直射

光线中的紫外线对酒的损害也是很大的,因此想要长期保存的葡萄酒应该尽量放到避光的地方。虽然葡萄酒的墨绿色瓶子能够遮挡一部分紫外线,但毕竟不能完全防止紫外线的侵害。紫外线也是加速酒的氧化过程的罪魁祸首之一。

6.避免震动

·葡萄酒装在瓶中,其变化是一个缓慢的过程,震动会让葡萄酒加速成熟,当然结果也是让酒变得粗糙,所以应该放到远离震动的地方,而且不要经常地搬动。

7.未喝完的酒的存放

从酒瓶开启的那一刻起,空气就开始和酒发生反应,酒几天内就会变质。酒最好最新鲜的时候,是在其第一次被开启的时候。如果知道不能喝完,须再塞入软木塞并尽快将酒冷藏。白酒可以存放两天左右,红酒存放三至四天,开启过的酒喝起来会有点跑汽。

三、实训项目

以小组为单位,对不同类型的葡萄酒作简单认识,并进行品鉴活动,填写表1-2-2、表1-2-3。

表1-2-2　认识葡萄酒

酒水序号	信息类别					
	酿制葡萄	产地	酿造工艺	年份	价格	其他
1.红葡萄酒						
2.白葡萄酒						
3.桃红葡萄酒						
4.香槟葡萄酒						

表1-2-3　葡萄酒的品鉴

酒水序号	品鉴结果		
1.红葡萄酒	外观	香气	口感
2.白葡萄酒			
3.桃红葡萄酒			
4.香槟葡萄酒			

任务二　认识啤酒

一、任务描述

- 了解啤酒的原料和分类
- 熟悉啤酒的品鉴方法

二、相关知识

（一）啤酒的生产工艺

1.主要生产原料

（1）大麦

大麦有良好的生物学特性，对土壤和气候的要求较低，所以它能在地球上广泛分布。大麦便于发芽，酶系统完全，制成的啤酒别具风味。大麦的生物化学及形态生理学特征，比小麦等其他谷物更适宜于啤酒酿造的机械化工艺。另外，大麦的价格在谷物中又是较为便宜的。

（2）啤酒花

啤酒花在我国俗称蛇麻花，我国新疆、宁夏地区盛产优质的啤酒花。啤酒花是一种多年生缠绕草本植物，属桑科葎草属，有的植株生长期可长达50年，叶子呈心状卵形，常有三五个裂片，叶面非常粗糙，主枝按顺时针方向右旋攀缘而上。只有雌株才能结出花体，每年六七月间开始开花，盛开之时，香飘十里。

啤酒花被誉为啤酒的灵魂，啤酒中清爽的苦味实际上是酒花的贡献，这种苦味质不但可以防止啤酒中腐败菌的繁殖，还能杀死发酵过程中所产生的乳酸菌和酪酸菌。它的作用相当于炒菜时放的味精。尽管用的量很少，在一吨啤酒中，才加入不到500克的啤酒花，但是，在啤酒酿造过程中，酒花中的有效成分，能把酒液中多余的蛋白凝固、分离出来，使酒液澄清，使泡沫丰富、持久；而且啤酒花中所含的上百种香味成分，经过精妙搭配，就构成了各种啤酒的独特风格。

（3）酵母

啤酒酵母是一种不能运动的单细胞低等植物，其细胞只有借助显微镜才能看到，肉眼看到的乳白色湿润的酵母泥是无数酵母细胞的集合体。自然界存在的酵母很多，但不是所有的酵母都可以用来酿造啤酒。对啤酒发酵有利的酵母称为啤酒酵母。在啤酒生产中酵母需要经过纯粹的培养而获得。啤酒中的酒精和二氧化碳都是啤酒酵母发酵而产生的。

（4）水

水是啤酒的"血液"，啤酒中至少含有 90% 的水分，水中无机物、有机物和微生物的含量会直接影响啤酒的质量。一般啤酒厂都需要建立一套酿造用水的处理系统。也有些啤酒厂采用天然高质量的水源，甚至有些采用冰川雪水来酿造啤酒。

2. 生产工艺

首先把麦芽在滚筒碾碎机中碾碎，注入热水混合，旋转入麦芽汁桶，制造出麦芽汁，甜甜的麦芽汁被过滤后流入酿造罐，再用热水喷射麦芽汁沉淀物，以带走剩余的麦芽汁。过滤后的麦芽汁谷物渣可以做牲畜的饲料。接下来在酿造罐中再煮沸麦芽汁并添加啤酒花，通常要花费 1.5～3 小时。然后过滤啤酒花沉淀，用离心法离掉沉淀的蛋白质，冷却至发酵温度，把麦芽汁输送至初级发酵池，在那里加入新鲜酵母，发酵过程五至十天，然后啤酒被注入后熟罐，在那里进一步进行发酵直到啤酒成熟，这个过程为一个月左右。最后过滤成熟的酒液进行罐装。

（二）啤酒的分类

1. 按颜色分类

（1）淡色啤酒：俗称黄啤酒。淡色啤酒为啤酒中产量最大的一种。根据深浅不同，浅色啤酒又分为三类：淡黄色啤酒，酒液呈淡黄色，香气突出，口味优雅，清亮透明；金黄色啤酒，呈金黄色，口味清爽，香气突出；棕黄色啤酒，酒液大多为褐黄、草黄，口味稍苦，略带焦香。

（2）浓色啤酒：色泽呈红棕色或红褐色。浓色啤酒麦芽香味突出、口味醇厚、酒花苦味较清。

（3）黑色啤酒：色泽呈深红褐色乃至黑褐色，产量较低。黑色啤酒麦芽香味突出、口味浓醇、泡沫细腻，苦味根据产品类型而有较大差异。

2. 按麦汁浓度分类

（1）低浓度啤酒：原麦汁浓度 6～8 度，酒精含量 2% 左右。

（2）中浓度啤酒：原麦汁浓度 10～12 度，酒精含量 3.1%～3.8%，是中国各大型啤酒厂的主要产品。

（3）高浓度啤酒：原麦汁浓度 14～20 度，酒精含量在 4.9%～5.6%，属于高级啤酒。

3. 按是否经过杀菌处理分类

（1）鲜啤酒，又称生啤，是指在生产中未经杀菌的啤酒，但也在可以饮用的卫生标准之内。此酒口味鲜美，有较高的营养价值，但酒龄短，适于当地销售，保质期 7 天左右。

（2）熟啤酒：经过杀菌的啤酒，可防止酵母继续发酵和受微生物的影响，酒龄长,稳定性强,适于远销,但口味稍差,酒液颜色变深。

4.按含糖量分类

(1)干啤酒:指啤酒在酿制过程中,将糖分去除使酒液中糖的含量在0.5%以下。这种啤酒的特点是发酵度高,其色泽更浅、口感更净、口味更爽、苦味更淡、热值更低,适合对摄取糖分有禁忌的人饮用。

(2)半干啤酒:指含糖量在0.5%~1.2%的啤酒。

(3)普通啤酒:指含糖量在1.2%以上的啤酒。

5.根据包装容器分类

(1)瓶装啤酒:国内主要为640mL和355mL两种包装。国际上还有500mL和330mL等其他规格。

(2)易拉罐装啤酒:采用铝合金为材料,规格多为355mL。便于携带,但成本高。

(3)桶装啤酒:包装材料一般为不锈钢或塑料,可循环使用,容量为30升,主要用来盛装生啤酒。

6.按酒精浓度分类

(1)低醇啤酒:一般来说啤酒的酒精含量低于2.5%(V/V),称为低醇啤酒。

(2)无醇啤酒:啤酒的酒精含量低于0.5%(V/V)的啤酒称无醇啤酒。这种啤酒采用了特殊的工艺方法抑制啤酒发酵时酒精成分的产生或是先酿成普通啤酒后,采用蒸馏法、反渗透法或渗透法去除啤酒中的酒精成分。

7.根据啤酒酵母性质分类

(1)上发酵啤酒:发酵过程中,酵母随二氧化碳浮到发酵面上,发酵温度15℃~20℃。啤酒的香味突出。

(2)下发酵啤酒:发酵完毕后,酵母凝聚沉淀到发酵容器底部,发酵温度5℃~10℃。啤酒的香味柔和。世界上绝大部分国家采用下发酵啤酒。我国的啤酒均为下发酵啤酒,其中著名的啤酒有青岛啤酒、燕京啤酒等。

(三)啤酒的品鉴方法

1.外观分析

啤酒外观的评估是在开瓶前,把一瓶啤酒对着光线来观察其顶端大气泡的模样,这样做可以鉴别该瓶啤酒是否振荡过,否则开启时会喷涌。当你小心倒出啤酒后,不同的品种会产生特定的泡沫层,应让其静置片刻。一杯好的全麦芽啤酒一般在一分钟内至少还保持有一半泡沫层,这种能力与"泡沫保持力"有关。当你喝一口啤酒,泡沫落去后应该在杯壁上留下泡沫的痕迹。啤酒的外观还包括其颜色,实际上啤酒的颜色是随着啤酒形式的微妙变化而变化的。不过,各种类型的啤酒还是有相应的参考标准的。

2．香气辨别

（1）芳香

啤酒的芳香常常可描述成有坚果味道的、甜的、有谷物味的、有麦芽味的。来自谷物发酵的芳香被叫作酯味，它有一种醇美的水果味特征，即挥发出成熟水果如香蕉、梨、苹果、葡萄干或红醋栗的香味。

（2）香味

啤酒的酒花香味或者说"酒花味道"只是在啤酒刚倒出来的时候能辨别出来，之后很快就消失了。酒花的香味并非在每一种风格的啤酒中都能体现出来。而且，不同的酒花带给啤酒的香味也是不同的。用来描述酒花香味的表述有：带草本味的、带松本味的、带花香味的、带树脂味的和带香料味的。

3．口味辨别

（1）口感

啤酒的口感是指对酒体的知觉。受啤酒中蛋白质的影响，其口感会有浓淡之分。

（2）风味

啤酒的风味也许是一种最主观的标志，但也是啤酒带给人享受的最明显体现。特定风味的啤酒应该具有其共有的口味特征。一杯经过完美调和的啤酒，应该在麦芽甜度和酒花苦味之间仔细加以风味协调。

（3）回味

回味是指咽下一口啤酒后在嘴内保持的味道。适当的回味也是与其他感官品质一样重要的风格类别。不过，大多数情况下理想的回味应该是调和和消除了啤酒花的苦味。

三、实训项目

1. 以小组为单位，对不同类型的啤酒作简单认识，并进行品鉴活动，填写下表。

表 1-2-4　认识啤酒

酒水序号	信息类别			
	产地	年份	价格	其他
1.淡啤				
2.黑啤				
3.生啤				
4.熟啤				

表 1-2-5 啤酒的品鉴

酒水序号	品鉴结果		
	外观	香气	口感
1.淡啤			
2.黑啤			
3.生啤			
4.熟啤			

2.收集世界知名啤酒品牌的酒标,制作成 PPT,并介绍啤酒的特色。

任务三 认识黄酒与清酒

一、任务描述

- 掌握中国黄酒的分类
- 熟悉中国黄酒的品鉴
- 掌握日本清酒的特点
- 熟悉日本清酒的品鉴

二、相关知识

（一）中国黄酒的特点与分类

黄酒的主要原料是糯米、粳米、黍米。原料经蒸煮、摊晾后,加入曲和浸米水或加入酵母搅拌,在缸内进行糖化和发酵,经多种微生物共同作用,酿成了这种低度原汁酒。经压榨收集的米酒液,因色泽橙黄,故称为黄酒。

黄酒的主要成分包括糖、糊精、有机酸、氨基酸、酯类、甘油、微量的高级醇和一定数量的维生素等。黄酒风味独特,营养丰富,不仅是我国传统的饮料,更是许多地方妇女产后的滋补品,成为佐餐或餐后的上好饮品。

1.黄酒的特点

黄酒色泽黄亮透明,香气浓郁芬芳,口味鲜美醇厚,酒度适中,营养丰富,并有健胃明目之功效。黄酒的包装有坛装、瓶装。陶坛造型别具一格,有强烈的民族特色,如花雕酒坛上的图案,色彩艳丽,大多为传统故事与图案。

2.黄酒的分类

黄酒的品种很多,分类方法各异。

（1）按原料、风味、产区不同分

长江以南地区，用福米、粳米为原料，以酒药和麦曲作糖化发酵剂酿制成黄酒，它在全国的黄酒销售中占有很大比重，其中以绍兴老酒最为著名。

北方黍米黄酒。华北和东北地区，以黍米（又称黄米）为原料，以米曲或麦曲为糖化剂，酵母作发酵剂酿成。以山东即墨老酒、山西黄酒为代表。

红曲黄酒。以糯米或粳米为原料，以红曲作糖化发酵剂制成。福建以闽北红曲黄酒为代表，浙江以温明乌衣红曲黄酒为代表。

大米清酒。它是一种改良的大米黄酒，以粳米为原料，用米曲作糖化剂、酵母作发酵剂酿制而成。酒色淡黄透明，糖分、酸度均较低，具有清酒特有的香味，以吉林清酒、即墨特级清酒为代表。

（2）根据黄酒含糖量的高低分

①干黄酒。"干"表示酒中的含糖量少，总糖含量低于或等于15.0g/L。口味醇和、鲜爽、无异味。

②半干黄酒。"半干"表示酒中的糖分还未全部发酵成酒精，还保留了一些糖分。在生产上，这种酒的加水量较低，相当于在配餐时增加了饭量，总糖含量在15.0～40.0g/L，故又称为"加饭酒"。我国大多数高档黄酒，口味醇厚、柔和、鲜爽、无异味，均属此种类型。

③半甜黄酒。这种酒采用的工艺独特，是用成品黄酒代水，加入到发酵醪中，使糖化发酵一开始，发酵醪中的酒精浓度就达到较高的水平，在一定程度上抑制了酵母菌的生长速度，由于酵母菌数量较少，发酵醪中产生的糖分不能转化成酒精，故而成品酒中的糖分较高。总糖含量在40.1～100g/L，口味醇厚、鲜甜爽口，酒体协调，无异味。

④甜黄酒。这种酒一般是采用淋饭操作法，拌入酒药，搭窝先酿成甜酒酿，当糖化至一定程度时，加入40%～50%浓度的米白酒或糟烧酒，以抑制微生物的糖化发酵作用，总糖含量高于100g/L。口味鲜甜、醇厚，酒体协调，无异味。

（二）中国黄酒的品鉴方法

（1）鉴赏品尝黄酒，首先应观其色泽，须晶莹透明，有光泽感，无混浊或悬浮物，无沉淀物泛起荡漾于其中，颜色是极富感染力的琥珀红色。

（2）其次将鼻子移近酒盅或酒杯，闻其幽雅、诱人的馥郁芳香。此香不同于白酒的香型，更区别于化学香精，是一种深沉特别的脂香和黄酒特有的酒香的混合。若是十年以上陈年的高档黄酒，哪怕不喝，放一杯在案头，便能让人心旷神怡。

（3）用嘴轻啜一口，搅动整个舌头，徐徐咽下。

（三）日本清酒的特点及分类

清酒(Sake)在日本俗称日本酒，它是与我国黄酒为同一类型的低度米酒。清酒是以精白米为主要原料,以久负盛名的滩之宫水为水源,并采用优质微生物"米曲霉纯菌"作为酿酒的糖化剂,以纯种的清酒酵母为发酵剂,在低温的环境边糖化边发酵,酿制出清酒原酒,然后经过过滤、杀菌、贮藏、勾兑等工艺酿制而成的一种低酒精含量的酒品。清酒在日本享有国酒之誉,并以英文 Sake 闻名世界,行销60多个国家和地区。

清酒命名方法各异,一般是以人名、动物、植物、名胜古迹及酿制方法取名。著名的品牌有:月桂冠、樱正宗、大关、白鹰、松竹梅及秀兰等。

1. 特点

清酒色泽呈淡黄色或无色,清亮透明,具有独特的清酒香,口味酸度小、微苦,呈琥珀酸味,绵柔爽口,其酸、甜、苦、辣、涩味协调。清酒的酒精浓度一般介于15%~17%,和葡萄酒相似。含多种氨基酸、维生素,是营养丰富的饮料酒。

2. 分类

(1)按制造方法不同分类

①纯米大吟酿。特点是采用吟酿的酿造法酿制,带有浓馥的花香或果香。精米度在50%以下。

②大吟酿。特点是它是清酒中等级最高的酒,因为在酿造过程中除掉最多不利于酿酒的脂肪及蛋白质,仅留下富含淀粉质的米心部分,使酿造成功的大吟酿能散发出多层次的果香、木香、米香和花香。精米度在50%以下。

③纯米吟酿。特点是其本来不是大量生产的产品(毕竟要把高档原料米磨掉一大半是非常奢侈的),它的出现原本是为了研究酿造技术和供日本全国新酒评鉴会比赛使用。精米度在60%以下。

④吟酿酒。从原料米的处理到最后装瓶等阶段的技术要求都很高。特点是香味独特,色泽良好。精米度在60%以下。

⑤纯米酒。纯粹以米酿造出来的日本酒,是真正日本酒的原本风味。完全不添加酿造酒精,仅以米曲发酵。特点是香味馥郁,口感浓醇。精米度在70%以下。

⑥本酿造酒。是优良酒厂的基本产品。除了用少量的酒精来调整味道,使香味口感圆润顺口之外,本酿造酒不能添加糖类或香精。酿造法已有数百年历史,用此法酿造出的清酒香味、色泽良好。精米度在70%以下。

(2)按口味分类

①甜口酒:糖分较多,酸度较低。

②辣口酒:糖分少。

③浓醇酒:口味醇厚。

④淡丽酒:浸出物糖分含量较少,爽口。

⑤高酸味清酒:以酸度高、酸味大为特征。

⑥原酒:制成后不加水稀释的清酒。

⑦市售酒:指原酒加水稀释后装瓶出售的清酒。

(3)按清酒税法规定的级别分类

①特级清酒:品质优秀,酒度16度以上。

②一级清酒:品质较优,酒度16度以上。

③二级清酒:品质一般,酒度15度以上。

(4)按贮存期分类

①新酒:压滤后未过夏的清酒。

②老酒:贮存过一夏的清酒。

③老陈酒:贮存过两个夏季的清酒。

(四)日本清酒的品鉴

酒质普通的清酒,只要保存良好、没有变质、色泽清亮透明,就都能维持住一定的香气与口感。但若是等级较高的酒种,其品鉴方式就像高级洋酒一样,也有辨别好酒的诀窍及方法,不外乎以下三个步骤。

1.眼观

观察酒液的色泽与色调是否纯净透明,若是有杂质或颜色偏黄甚至呈褐色,则表示酒已经变质或是劣质酒。在日本品鉴清酒时,会用一种杯底画着螺旋状线条的"蛇眼杯"来观察清酒的清澈度,它算是一种比较专业的品酒杯。

2.鼻闻

清酒最忌讳的是过熟的陈香或其他容器所逸散出的杂味。所以,有芳醇香味的清酒才是好酒。而品鉴清酒所使用的杯器与葡萄酒一样,需特别注意温度的影响与材质的特性,这样才能闻到清酒的独特清香。

3.口尝

在口中含3~5毫升的清酒,然后让酒在舌面上翻滚,使其充分均匀地遍布舌面来进行品味。同时闻酒杯中的酒香,让口中的酒与鼻闻的酒香融合在一起,吐出之后再仔细品尝口中的余味。若是酸、甜、苦、涩、辣五种口味均衡调和,余味清爽柔顺的酒,就是优质的好酒。

三、实训项目

以小组为单位,对黄酒与清酒作简单认识,并进行品鉴活动,填写下表。

表1-2-6 认识黄酒与清酒

酒水序号	信息类别			
	产地	年份	价格	其他
1.绍兴黄酒				

续表

酒水序号	信息类别			
	产地	年份	价格	其他
2. 山西黄酒				
3. 日本清酒				

表 1-2-7 黄酒与清酒的品鉴

酒水序号	品鉴结果		
	外观	香气	口感
1. 绍兴黄酒			
2. 山西黄酒			
3. 日本清酒			

课后练习

1. 简述葡萄酒的主要分类。
2. 简述法国知名五大酒庄葡萄酒的特色。
3. 简述啤酒的主要分类。
4. 如何鉴别啤酒质量的优劣？
5. 如何鉴别黄酒质量的优劣？
6. 简述黄酒与清酒的区别。
7. 收集中国知名黄酒的品牌。

知识拓展 1

葡萄酒的世界是非常奇妙的。为了更好地了解这个行业，根据葡萄酒的不同历史传统以及酿造技术的差异，将世界葡萄酒版图人为划分为"葡萄酒的新旧世界"。在葡萄酒专业人士看来，旧世界是指有着数百年葡萄酒酿造历史的国家。这些国家主要分布在欧洲，以法国、意大利、西班牙、德国、匈牙利、葡萄牙等老牌葡萄酒生产国为典型代表，其严格的等级划分制度和葡萄酒饮用时的种种规则与禁忌，加上浪漫主义的演绎，为旧世界葡萄酒赋予了很多贵族文化和情调；而新世界则是相对于旧世界而言的,指美国、澳大利亚、新西兰、南非、智利、阿根廷等种植葡萄历史相对较短的新兴国家。新世界的崛起令葡萄酒的世界变得更加美丽多元。新旧世界的存在客观上促进了世界葡萄酒业的不断发展。

相比之下,欧洲种植葡萄的传统悠久,绝大多数葡萄栽培和酿酒技术都诞生在欧洲。除此之外,新旧世界的根本差别在于:新世界的葡萄酒倾向于工业化生产,而旧世界的葡萄酒更倾向于手工酿制。手工酿出来的酒,是一个手工艺人劳动的结晶;而工业产品是工艺流程的产物,是一个被大量复制的标准化产品。旧世界的酒一般采用传统的酿造工艺,口感复杂,复合度强,而新世界酒以现代技术酿造,果香突出,容易入口,具有更强的亲和力。二者具体差异见表 1 - 2 - 8。

表 1 - 2 - 8 葡萄酒的新旧世界区别表

	旧世界	新世界
特色	传统	创新
葡萄产区分布	葡萄种植地面积相对较小且固定	葡萄栽培区广泛灵活
葡萄酒酿造	倾向于手工酿造	倾向于工业化生产
	展现土地状况	展现水果特点
	喜欢传统的酿酒方法	重视技术
	酿酒过程尽可能避免干扰	酿酒过程是经过控制的
	酿酒酷似艺术	酿酒酷似科学
葡萄酒命名	以产地命名的葡萄酒	以葡萄种类命名的葡萄酒
葡萄酒风格	葡萄酒柔和、果味清淡	葡萄酒味道香甜并且果味十足

📖**知识拓展 2**

世界知名啤酒节介绍

啤酒节源于德国,已有 100 多年的历史,它的起源一般有两种说法。一是在 1810 年,巴伐利亚的卢德亲王大婚,举行赛马活动,赛马活动结束后,人们畅饮啤酒以示庆贺。这一庆贺仪式沿袭下来后,就成为今天的啤酒节。还有一说是当地农民为庆祝大麦和啤酒花的丰收而畅饮啤酒,之后世代流传下来。目前世界知名啤酒节主要如下：

慕尼黑十月啤酒节之所以著名，不仅因为它是全世界闻名的民间狂欢节，也因为它完整地保留了巴伐利亚的民间风采和生活习俗。人们用华丽的马车运送啤酒，在巨大的啤酒帐篷里开怀畅饮，欣赏巴伐利亚铜管乐队演奏的民歌乐曲和令人陶醉的情歌雅调。人们在啤酒节上品尝美味佳肴的同时，还举行一系列丰富多彩的娱乐活动，如赛马、射击、杂耍、各种游艺活动及戏剧演出、民族音乐会等。人们在为节日增添喜庆欢乐气氛的同时，也充分表现出本民族热情、豪放、充满活力的性格。

慕尼黑啤酒节上只能出售慕尼黑本地生产的啤酒，所以啤酒节的主角一直是当地的几家大型的啤酒屋，如宝莱纳、狮王等几家著名的酒屋。

中国啤酒节

中国的啤酒节最早是从 1991 年青岛啤酒节开始的，截至 2011 年已经举办了 20 届；大连"中国国际啤酒节"也举办了 10 届；哈尔滨啤酒节举办了 6 届，剩下的还有燕京啤酒节、雪花啤酒节、西安啤酒节、天津啤酒节、保定啤酒节等等。其中中国国际啤酒节博览已经成为国内最具代表性的大型行业展会之一，国际化规模化日益增强，娱乐性互动性逐年提升，文化内涵不断深化，品牌形象深入人心，真正成为了百姓喜闻乐见、企业积极参与的城市盛会，"东方慕尼黑"的美誉可谓实至名归。

美国丹佛啤酒节

美国是一个多民族国家，来到美国的德国移民，自然也把啤酒节的传统带到了美洲，之后其他各族人民，也纷纷以此为契机，参与庆祝这一传统节日，大喝啤酒。

英国伦敦啤酒节

英国伦敦啤酒节始于 1978 年。英国是除德国之外的另一个啤酒大国，而伦敦西部则是英国啤酒业的中心，被誉为"世界最大的酒馆"。所有酒水都是由小型作坊用手工方法制造，并且多产自英国。

项目三 蒸馏酒

学习目标

1. 掌握六大蒸馏酒的种类、特点及生产工艺
2. 了解六大蒸馏酒的著名产区和品牌

任务一 认识白兰地、威士忌、金酒

一、任务描述

- 掌握白兰地、威士忌、金酒的种类
- 掌握白兰地、威士忌、金酒的特点及生产工艺
- 掌握白兰地、威士忌、金酒的著名产区和品牌

二、相关知识

(一)白兰地

1. 白兰地的种类及生产工艺

广义地说,任何一种水果经发酵和蒸馏之后,提炼出来的酒都可称为白兰地。然而,现在大部分白兰地都是由葡萄酒蒸馏出来的;另一些则用葡萄以外的水果先酿成果酒,然后再蒸馏成白兰地,例如杏白兰地、苹果白兰地、樱桃白兰地、李子白兰地等,它们统称为果子白兰地,与传统的葡萄白兰地是有区别的。

2. 白兰地的主要产区

白兰地之王——干邑(Cognac),是因一个位于法国西南部的古城而得名。不是所有的白兰地都可称为干邑,只有那些位于法国西南部波尔多葡萄酒产区附近的夏朗德(Charente)省内的用夏云葡萄酿制的白兰地酒才可称为干邑。

法国白兰地工业有严格的法例管制。所有干邑都需在橡木酒桶中贮存两年,让它醇化。在干邑区南面的雅文邑(Armagnac)也以它品质精美的白兰地而广为驰名。

在干邑共有6个葡萄种植区,按其产品质量的高低排列如下:大香槟区、小香槟区、小块耕植区、优质耕植区(也称末端林区)、良好耕植区、普通耕植区。酿酒用的优良葡萄品种为 Colombard、Ugni Blanc、Folle Blanc。干邑白兰地的酒精含量不低于40°。

在雅文邑共有3个生产地区。巴士雅文邑(Bas Armagnac)出产最好的雅文邑白兰地,即蒂娜雷丝(Tenareze)、豪特雅文邑(Haut Armagnac)。雅文邑白兰地酒精含量在40°~50°。

3. 白兰地质量等级

干邑酒的质量级别有以下几个:

(1)标有"☆""☆☆""☆☆☆"或"V. S"(Very Superior)、"☆☆☆☆"、"☆☆☆☆☆"的,依次表示在橡木桶中已贮陈3年、4年、5年、6年、7至8年。

(2)标有"V. O"(Very Old)的,表示是在橡木桶中贮陈10~12年的远年陈酿。

(3)标有"V. S. O"(Very Superior Old)字样的,表示是在橡木桶中贮陈12~20年的远年陈酿。

(4)标有"V. S. O. P"(Very Soft Old Pale)字样的,表示是在橡木桶中贮陈20~30年的远年陈酿。该酒色泽透亮、醇香馥郁。

(5)标有"Napoleon"(拿破仑)字样的,表示在橡木桶中已贮陈40年。

(6)标有"X. O"(Extra Old)字样的,表示在橡木桶中已贮陈50年,亦称特醇。

(7)标有"X."(Extra)字样的,表示在橡木桶中已贮陈70年,亦称特陈白兰地。

4. 干邑、雅文邑白兰地著名品牌

(1)著名的干邑酒品牌有路易十三(Louis XⅢ Cognac)、拿破仑(Courvoisier)、黑吉尔(Augier)、轩尼诗(Hennessy)、马爹利(Martell)、人头马(Remy Martin)、百利来(Polignac)、长颈(F. O. V)等。

(2)著名的雅文邑酒品牌有卡斯塔浓(Castagnon)、夏博(Chabot)、索法尔(Sauval)、桑卜(Semp)、科萨德侯爵(Marquis de Caussade)等。

(二)威士忌

1. 威士忌的特点

威士忌这个名称来自盖尔语(Gaelic),意思为"生命之水",它至少在500年前就已经在爱尔兰和苏格兰产生了。再晚些时候,这个单词被英语化而变成现在的称呼"Whiskey"。在苏格兰,它的拼写方法不同,少了个"e"。苏格兰威士忌只在苏格兰出产,其余的品种则全世界都有酿制。

2. 威士忌的原料与生产国

威士忌是一种从发酵的谷物浆汁中蒸馏而制得的烈酒,酒精含量不低于40°。威士忌的主要生产国和地区如下:

(1)苏格兰。苏格兰威士忌是世界名酒,产于英国北部的苏格兰地区。它有许多品种。按原料和酿造方法的不同可分为:麦芽威士忌、谷物威士忌、混合威士忌。

所谓麦芽威士忌,是只用大麦芽作为原料酿制的威士忌,一般要经过两次蒸馏,然后注入特制的橡木桶里进行陈酿,等酒液成熟后再装瓶出售。

所谓谷物威士忌,是采用多种谷物(如黑麦、大麦、小麦、玉米等)为原料酿制的威士忌。谷物威士忌只需一次蒸馏,主要用于勾兑其他威士忌,市场上很少零售。

苏格兰人通常用以上两种威士忌来制作混合威士忌。根据麦芽威士忌和谷物威士忌比例的多少,勾兑后的混合威士忌有普通和高级之分。混合威士忌在世界上的销售品种最多,是苏格兰威士忌的精华所在。

(2)爱尔兰。爱尔兰威士忌的原料主要是大麦、大麦芽、小麦、黑麦和玉米等。它的主要品种有麦芽威士忌(只用大麦芽为原料)、谷物威士忌(以多种谷物为原料,大麦占80%左右)。

(3)美国。美国是世界上最大的威士忌生产国和消费国,主要生产地在肯塔基州的波本地区,所以美国威士忌也被称为波本威士忌(Bourbon Whiskey)。

美国威士忌有颇为鲜明的类别:一是混合威士忌,大约47%的美国威士忌属此种;二是淡威士忌,原料的主要成分是玉米;三是黑麦威士忌,酿料中黑麦的成分超过51%;四是田纳西威士忌,酿料中玉米至少占51%,最多不超过75%;五是玉米威士忌,原料中至少要含80%的玉米;六是波本威士忌,它是美国威士忌之王,这种威士忌的原料主要是玉米,至少占51%。

(4)加拿大。加拿大威士忌的主要酿制原料是玉米、黑麦和稞麦,采用二次蒸馏,在木桶中陈酿的时间不少于2年,一般要贮存4年、6年、7年、10年不等。它的主要品种有加拿大威士忌(以玉米、稞麦为原料)、加拿大稞麦威士忌(稞麦比例占原料的51%)。

3. 各国威士忌的特色

(1)苏格兰威士忌(Scotch Whisky)。酒色呈金黄色,清澈透亮,具有浓郁的麦芽香气和陈年的橡木香,回味有悦人的烟香,口感细腻、滋润、爽口,酒精度一般为40°~50°,贮藏期一般在5年以上,贮存15至20年的为最优质的成品酒,而超过20年则质量会下降。但在装瓶后,酒质可保持不变。衡量苏格兰威士忌的主要标准是嗅觉感受,即酒香气味。

（2）爱尔兰威士忌（Irish Whiskey）。爱尔兰威士忌要经过三次蒸馏，然后入桶陈酿，一般需 8—15 年。装瓶时，还要进行掺水稀释。因原料不用泥炭熏焙，所以没有苏格兰威士忌的焦香味，风味比较绵长柔润。爱尔兰威士忌以"特拉莫尔露"这个牌子最为有名，酒精度40°。

（3）加拿大威士忌（Canadian Whiskey）。加拿大威士忌的酒香芬芳，口感轻快、爽适，以淡雅的风格著称。加拿大威士忌在出售前要进行勾兑掺和（用基酒威士忌与加味威士忌混合），代表性的名牌酒是加拿大俱乐部，酒精度45°。上市的加拿大威士忌要求陈酿在 6 年以上，如少于 4 年，商标上必须注明时间。

（4）美国威士忌（American Whiskey）。美国威士忌经过发酵蒸馏后，至少要在未用过的内壁烤焦的橡木桶中陈酿两年时间，大多数是 4 年，最多不超过 8 年。所以美国威士忌具有独特的橡木芳香味。

4.著名的威士忌品牌

（1）著名的苏格兰纯麦威士忌品牌有格兰利非特（The Glenlivet）、家豪（Cardhu）、马加兰（The Macallan）、高地派克（Highland Park）、斯布林邦克（Springbank）、阿尔吉利（Argyli）、不列颠尼亚（Britannia）、格兰菲蒂切（Glenfiddich）等。著名的苏格兰混合威士忌品牌有海格（Haig）、笛沃（Dewar）、尊尼获加（Johnnie Walker）、白马（White Horse）、珍宝（J&B）、白方（White Label）等。

（2）著名的爱尔兰威士忌品牌有约翰·詹姆森（John Jameson）、波厄斯（Power's）、老布什米尔（Old Bushmills）、特拉莫尔露（Tullamore Dew）等。

（3）著名加拿大威士忌品牌有加拿大俱乐部（Canadian Club）、施格兰威士忌（Seagram's）、麦克盖伊尼斯（Me Guinness）、王冠（Crown Rogal）、辛雷（Schenley）、怀瑟斯（Wiser's）等。

（4）著名的美国威士忌品牌有四玫瑰（Four Roses）、吉姆·宾（Jim Beam）、沃克斯（Walker's）、老火鸡（Old Turkey）、老爷爷（Old Grand Dad）、施格兰七王冠（Seagram's 7 Crown）等。

（三）金酒

1.特点

金酒是以谷类为主要原料酿制的蒸馏酒。金酒所用的谷物有玉米、大麦、小麦和稞麦。杜松子是它的主要加味物质。另外，还有其他一些加味植物，包括芫荽、黑醋栗、菖蒲、甜橙皮、菖蒲根、小豆蔻、鸢尾草、杏仁、当归、茴香、柠檬皮等。金酒的酒精度为 34°～47°。

2.金酒的主要生产国

（1）荷兰

荷兰金酒（Holland）主要产区集中在斯希丹（Schiedam）一带。金酒几乎成了荷兰人的国酒。用于生产荷式金酒的谷物原酒须先提炼,经过三次蒸馏后,再加入杜松子进行第四次蒸馏,最后掐头去尾,便得金酒。

（2）英国

英式金酒(DryGin,又名干金酒)与荷式金酒有明显的区别,前者口味甘洌,后者口味甜浓。英式金酒很受人们的欢迎。英式金酒生产较为简单,用食用酒精和杜松子及其他香料共同蒸馏,便获英式金酒。英式金酒既可单饮,又是混合酒制作的主要基酒之一。

除荷式、英式金酒之外,还有加拿大、美国、巴西、德国、日本和印度的金酒。

3. 饮用金酒的注意事项

（1）荷式金酒色泽透明清亮,酒香和调料香突出,风格独特,近乎怪异,多用焦糖调色,微甜,适于单饮,不宜做混合酒。荷式金酒常装在长形的陶瓷瓶中出售,新酒叫"Jonge",陈酒叫"Oulde",老陈酒叫"ZeerOulde"。

（2）英式金酒透明无色,清澈带有光泽,酒香和调料香浓郁,醇美爽口,通常用于兑制鸡尾酒。

（3）美国金酒比较流行加进菠萝、香橙和薄荷等味道,酒液呈淡黄色。

（4）金酒入瓶之前,最好加入一些无矿物质的水,以减低它的高酒精挥发性。

（5）金酒与味美思、樱桃白兰地等混合后饮用,格外芳香适口,别具风味。

4. 金酒的著名品牌

波尔斯(Bols),荷兰;波克马(Bokma),荷兰;宝斯马(Bomsma),荷兰;亨克斯(Henkes),荷兰;御林军(Beefeater),英国;宝狮(Booth's),英国;伯内茨(Bumett's),英国;哥顿金(Gordon's),英国;老汤姆(OldTom),英国;普利茅斯(Plymouth),英国;沃克斯(Walker's),英国等。

三、实训项目

以组为单位,就白兰地、威士忌、金酒作归类整理,填表1－3－1。

表1－3－1　蒸馏酒辨别(1)

内容	白兰地	威士忌	金酒
原料与特点			
主要生产国			
饮用特点			
主要知名品牌(4~6个)			

任务二 认识伏特加、朗姆、特基拉酒

一、任务描述

- 掌握伏特加、朗姆酒、特基拉酒的种类
- 掌握伏特加、朗姆酒、特基拉酒的特点及生产工艺
- 了解伏特加、朗姆酒、特基拉酒的著名产区和品牌

二、相关知识

（一）伏特加酒

伏特加是将谷物的浆汁发酵、蒸馏而制得的一种烈酒。所用的谷物包括小麦、稞麦、大麦和玉米，也可以用甜菜、土豆或稻子来生产伏特加酒。伏特加酒的酒精度在34°~47°。

1. 伏特加的主要生产国

（1）俄罗斯。俄罗斯伏特加的酿造工艺与众不同之处，是进行高纯度的酒精提炼（可达96°），然后再勾兑以软水。它与金酒一样，一般不需要陈酿，提取后的高纯度酒精用水稀释至40°左右，即可饮用。

（2）波兰。波兰伏特加的酿造工艺与俄罗斯伏特加基本相同，不同的只是波兰人在酿造过程中加入的香料较多，比如加入一些花卉、根、茎、皮、叶等调香原料，这就导致了它与俄罗斯伏特加风味的不同。

伏特加虽出自东欧，但近几十年已成为国际性的重要酒精饮料。伏特加消费量较大的国家还有芬兰、美国、英国、法国等。

2. 饮用伏特加的注意事项

（1）俄罗斯伏特加酒液透明，晶莹而清亮，口感凶烈，劲大而冲鼻。波兰伏特加最大的特点是其香味要比俄罗斯伏特加丰富得多。

（2）伏特加可分为两大类。一类是中性伏特加酒，无色、无香味；另一类是加味伏特加酒，加味所用原料为药草、干果仁、浆果、香料和水果等。

（3）伏特加饮用时应该是冰冻的，最好放在有冰的杯内。当斟酒进杯时，会有少许黏稠的感觉，使杯体看起来像抹了油一般。传统上，饮用伏特加要用细小的杯子，祝酒后便夸张地在火炉边或墙上掷个粉碎。据说沙皇彼德大帝喜欢在伏特加上撒黑胡椒。现今人称的彼氏伏特加（Pertsovka Vodka）的，就是由此而来。

3. 伏特加酒的著名品牌

波尔斯卡亚（Bolskaya），俄罗斯；斯德里奇那亚（Stolichnaya），又称红牌，俄罗

斯;斯大卡(Starka),俄罗斯;莫斯科卡亚(Moskovskaya),又称绿牌,俄罗斯;斯米诺夫(Smirnoff),又称皇冠,美国;哥萨克(Cossack),英国;芬兰地亚(Finlandia),芬兰;卡林斯卡亚(Karinskaya),法国。

(二)朗姆酒

1. 特点

朗姆酒是将发酵的甘蔗汁、甘蔗糖浆、糖蜜经蒸馏而成的酒。朗姆酒的初酒含酒精量接近95%,经厂家再掺入其他液体,使酒精含量降低到40%才装瓶上市。

2. 朗姆酒的主要生产国

(1)牙买加。牙买加是著名的朗姆酒生产国,牙买加朗姆酒色泽深且酒味浓烈。

(2)法属西印度群岛的马丁尼克岛和哥德洛普岛以及巴巴多斯、圭亚那、特里尼达、多巴哥、巴西、委内瑞拉、波多黎各、墨西哥、玻利维亚、俄罗斯、西班牙等国家也生产朗姆酒,古巴是有名的百家地(Bacardi)淡色朗姆酒的原产地。

3. 饮用朗姆酒的注意事项

(1)朗姆酒一般不甜,但也有饮用时加糖的。

(2)朗姆酒酒液呈黑白两类。白朗姆酒需要3.5年的成熟期。黑朗姆酒需要在橡木桶中存放3年零2个月,以使酒液浸染上橡木的色、香、味,形成独特的风格。

(3)朗姆酒香味突出,饮用时没有刺鼻气味,饮后酒杯中留有余香。

4. 朗姆酒的著名品牌

百家地(Bacardi),古巴;唐·Q(Don Q),波多黎各;船长酿(Captain's Reserve),牙买加;美雅士(Myers's),牙买加;老牙买加(OldJamaica),牙买加;龙利柯(Ronrico),波多黎各;迪麦那亚(Demerara),圭亚那。

(三)特基拉酒

1. 特点

特基拉酒是墨西哥人用龙舌兰(Agave)制造的,只有在墨西哥两处特定的地点才可生产。一处是特基拉周围,另一处在雅拉斯哥省(Jalisco)的德比提兰(Tepatitlan)四周。最好的特基拉酒,西班牙文称为阿尼祖(Anejo),意思是陈年的。这种酒在酒桶中最少要贮陈3年,爱好者会一掷千金出价购买,就像买法国最好的干邑一样。

2. 生产方式

酿造特基拉酒所用的龙舌兰要先榨成汁,然后经发酵和两次蒸馏,才制成原酒。由于贮陈的工具不同,酒液的颜色也不同。特基拉酒有两种颜色,一种呈无色透明,一种呈橡木色。它的香气奇异,口味凶烈,酒精度为40°~50°。传统上,墨西哥人饮特基拉酒不加冰,而总先在手背上倒些细盐末吸食,有时也用腌渍过的柠檬干和辣椒等具有咸、酸、辣等强烈味感的东西下酒,恰似火上浇油,极具强刺激功效,美不胜言。

3. 特基拉酒的著名品牌

有斗牛士(El Toro)、欧雷(Ole)、凯尔弗(Cuervo)、索查(Sauza)、玛丽亚奇(Mariachi)等。

三、实训项目

以组为单位,对伏特加、朗姆酒、特基拉酒进行辨别,填表1-3-2。

表1-3-2 蒸馏酒辨别(2)

内容	伏特加酒	朗姆酒	特基拉
原料与特点			
主要生产国			
饮用特点			
主要知名品牌(2~4个)			

 课后练习

1. 干邑白兰地商标上标注的酒龄有何含义?

2. 不同国家和地区威士忌在特点上有何差异?

3. 金酒的制作原料有什么特点? 其饮用方法有何特色?

4. 伏特加主要产地有哪些? 主要种类有哪些?

5. 朗姆酒的主要分类有哪些? 饮用方法有何特色?

6. 特基拉酒的饮用方式有什么特点?

知识拓展

电影镜头中的干邑白兰地之风采

许多人都看过电影《007》。根据非正式统计,看过该片的观众总数起码有20亿人次,亦即地球上每3人就有1个曾经看过《007》!几乎每部新上映的"007"电影中都会有各种"高大上"饮料穿插其间。其中,主人公邦德不仅是位出色的间谍和风度翩翩的绅士,也是一个非常内行的酒水鉴赏家。国外曾有网站统计过,邦德在整个"007"系列中共喝过431次酒,其中24种是白兰地。邦德首次于"007"系列里展露他的干邑知识是在早期的《金手指(*Goldfinger*)》电影中。在一场晚宴戏份中,邦德对旁边手里夹着雪茄的大佬们说道"尊敬的先生们,我认为这是一款30年高龄的精品混酿干邑……并含有大量来自Bon Bois地区的生命之水。"

在另一部"007"电影《女王密使》中,雪中的邦德对前来复命的搜救犬说道"请去帮我带瓶干邑来,要五颗星的那种轩尼诗";而在"007"之《永远的金刚钻》电影中,一度身陷囹圄的邦德突发奇想地利用一瓶拿破仑干邑(Couvoisier)摆脱了困境:当敌手Kidd挥舞着两把带着火星的烤肉叉子袭击他时,他打碎了干邑酒瓶,将酒液撒在烤肉叉子上。

(资料来源:http://blog. cognac - expert. com/cognac - product - placement - movies - ludacris - conjure - hennessy/)

配制酒

学习目标

1. 外国配制酒的分类及饮用方法
2. 中国配制酒的特点及分类

任务一　认识外国配制酒

一、任务描述

- 掌握外国配制酒的主要分类
- 熟悉外国配制酒的饮用方法

二、相关知识

（一）外国配制酒的分类

外国配制酒的基酒可以是原汁葡萄酒,也可以是蒸馏酒,还可以两者兼而有之。一部分开胃酒和甜食酒以原汁葡萄酒作为基酒,另一部分开胃酒和利口酒的制作主要采用蒸馏酒为基酒。配制酒著名品牌的主要生产者集中于欧洲产酒国,其中法国、意大利、匈牙利、希腊、瑞士、英国、德国、荷兰等国的产品最为著名。

配制酒的品种繁多,风格各异,比较流行的分类法将配制酒分为三大类:开胃酒(Aperitifs)、甜食酒(Dessert Wine)、利口酒(Liqueur)。

1. 开胃酒类

开胃酒是指以葡萄酒或蒸馏酒为基酒,在餐前饮用能提高食欲的配制酒。开胃酒可分为味美思、比特酒和茴香酒三类。（见图 1 - 4 - 1）

（1）味美思（Vermouth）

希腊名医希波克拉底（Hippokrates）是第一个将芳香植物浸渍在葡萄酒中的人。到了 17 世纪，法国人和意大利人将味美思的生产工艺进行了改良，并将它推向世界。味美思一词从古德语"WERMUT"演变而来，是指一种名叫苦艾的植物，后来成为味美思酒的代称。它的酒精度为 16°~18°。意大利、法国、瑞士和委内瑞拉等是味美思的主要生产国。

味美思是一种被加强香味的葡萄酒，它的成分主要包括以下几种：葡萄酒类，这是味美思的最主要成分，约占 80% 左右，以白葡萄酒为基酒，可生产白的和红的味美思；香料类，如药草、龙胆等；焦糖类，用蔗糖制成，目的是用它的琥珀色来着色。

味美思的分类方法通常有两种。一是按品种分，可分为干味美思、白味美思、红味美思、都灵味美思；二是按生产国划分，种类较多，最为著名的是意大利味美思和法国味美思。

①干味美思（Vermouth dry）。干味美思的含糖量低于 4%，酒精度为 18°左右。意大利干味美思酒呈淡白或淡黄色，法兰西干味美思呈草黄或棕黄色。

②白味美思（Vermouth Blanc）。白味美思的含糖量在 10%~15%，酒精度为 18°，色泽金黄，香气柔美，口味鲜嫩。

③红味美思（Vermouth Rouge）。红味美思的含糖量为 15%，酒精度为 18°，色泽呈琥珀黄，香气浓郁，口味独特。

④都灵味美思（Vermouth de Turin）。都灵味美思酒的酒精含量在 15.5°~16°，香料用量较大，香气浓烈扑鼻，有桂香味（桂皮）、金香味（金鸡纳霜）、苦香味（苦味草料）等。

意大利出产上面 4 种味美思酒，尤以后 3 种甜型酒最为出名。法国生产除都灵以外的 3 种类型的味美思酒，以干味美思最有名气。著名的味美思品牌有仙山露（Cinzano）、马天尼（Martini）、干霞（Gancia）、卡帕诺（Carpano）、香百丽（Chambery）等。

（2）比特酒（Bitters）

比特酒又名必打士酒，从古药酒演变而来，有药用和滋补的效用。用于配制必打士酒的调料和药材，主要有带苦味的草卉和植物的茎根与表皮，如阿尔卑斯草、龙胆皮、苦橘皮、柠檬皮等。

用于配制必打士的基酒有葡萄酒和食用酒精，酒精度一般在 16°~40°。著名的必打士酒品牌有以下几种：其一，金巴利，产于意大利米兰，酒液呈棕红色，药味浓郁，口感微苦而舒适。金巴利的配制原料中有橘皮和其他草药，苦味来自于金鸡纳霜，适于制作混合酒，酒精度为 26°。其二，杜本内，产于法国巴黎，它主要用金鸡纳皮浸制于白葡萄酒中,再配以其他草药制成。酒色深红,药香突出,苦味中带有甜味,风格独特。杜本内有红、黄、干三种类型,红杜本内最著名,酒精度为16°。

（3）茴香酒（Aniseed）

茴香酒是用茴香油与食用酒精或蒸馏酒配制的酒。茴香酒有无色和有色之分,酒液视品种而呈不同色泽。一般都有较好的光泽,茴香味甚浓,馥郁迷人,口感不同寻常,味重而有刺激,酒精度均在25°左右。

较为著名的茴香酒有里卡尔（Ricard）潘诺（Pemod）（茴青色）等。

| 味美思 | 比特酒 | 茴香酒 |

图1-4-1 开胃酒

2. 甜食酒（Dessert Wines）

甜食酒是在食用甜食时饮用的酒品。它的主要特点是口味较甜,常常以葡萄酒为基酒进行配制。著名甜食酒大多产于欧洲南部,主要生产国有葡萄牙、西班牙、意大利、希腊、匈牙利、法国（南方地区）等。（见图1-4-2）

（1）波特酒（Port Wine）

波特酒产于葡萄牙杜罗河（Doum）一带,在波尔图（Porto）港进行贮藏和销售。此酒虽产于葡萄牙,却与英国人有着千丝万缕的关系,因而人们常称呼其英文名称"Port Wine"。此酒是用葡萄原汁酒与葡萄蒸馏酒勾兑而成的配制酒品,在生产工艺上汲取了不少威士忌酒的酿造经验。

波特酒分为白色和红色两类。作为甜食酒,红酵酒在世界上享有很高的声誉。它以红葡萄作为主要酿酒原料,有时还以白葡萄酒液勾兑。红波特酒可分为黑红（Dark Full）、深红（Full）、宝石红（Ruby）、茶红（Tawny）等4个类型,人们称之为色酒（Tinto）。红波特气味浓郁芬芳,果香和酒香宜人,口味醇厚、鲜美、圆正,有甜、微甜、干三个类型。

著名的波特酒品牌有库克本（Co&bum）、克罗夫特（Croft）、道斯（Dow's）、西尔法(Silva)、桑德曼(Sandman)、沃尔(Warms)、泰勒(Taylom)等。

（2）雪利酒(Sherry)

雪利酒产于西班牙的加的斯(Jerez)，英国人称其"Sherry"。英国人对雪利的嗜好胜过西班牙人，人们遂以其英文名称称呼此酒。

雪利酒以加的斯所产的葡萄酒为基酒，再勾兑当地的葡萄蒸馏酒，用十分特殊的陈酿方式，逐年换桶陈酿，这就是著名的"Solera"法。雪利酒陈酿15～20年时，质地最好，其口味也达到了顶点。雪利酒可分为菲奴(Fino)和奥罗露索(Oloroso)两大类，其他品种均为这两类的变型。

菲奴(Fino)。菲奴雪利酒色淡黄且明亮，是雪利酒中色泽最淡的酒品。它香气优雅，给人以清新之感，就像刚摘下的苹果香味，十分悦人。此酒口味甘洌、清淡、新鲜、爽快。酒精度在15.5°～17°之间。菲奴不宜久藏，最多可贮藏两年。当地人往往只买半瓶菲奴，喝完再购。

奥罗露索(Oloroso)。奥罗露索雪利酒是强香型酒品，与菲奴有所不同。它的酒液呈金黄或棕红，透明度极好，并以此而闻名。该酒香气浓郁扑鼻，具有典型的核桃仁香味，越陈越香，口味浓烈、绵柔、甘洌。

（3）玛德拉酒(Madeira)

玛德拉酒产于玛德拉岛，是葡萄牙人用当地生产的葡萄酒和葡萄烧酒为基本原料勾兑的酒品，十分受人们的喜爱。玛德拉酒既是上好的开胃酒，也是全世界屈指可数的优质甜食酒。

| 波特酒 | 雪利酒 | 玛德拉酒 |

图1-4-2 甜食酒

3. 利口酒(Liqueurs)

利口酒是一种以食用酒精和其他蒸馏酒为基酒，配制各种香料，并经过甜化处理的酒精饮料。利口酒也称为甜酒，但它是一种特殊的甜酒。它有几个显著的特征：一是香料只采用浸制或勾兑的方法加入基酒内，不做任何蒸馏处理；二是甜化处理使用的添加剂是食糖或糖浆;三是此酒大多在餐厅饮用。

利口酒酒度在 17°~30°,部分达 40°,少数 50° 以上。主要生产国及地区为法国,意大利,荷兰,德国,匈牙利,日本,英格兰,俄罗斯,爱尔兰,美国和丹麦等。其中法国、意大利、荷兰历史最为悠久、产量最大(占世界年总产量的 50%),产品久负盛名。

利口酒是极其复杂的酒品,花色品种繁多,可按不同分类方法作如下分类。

(1)根据香料成分划分

果实类(Fruit Flavors):苹果、樱桃、柠檬、柑橘、草莓等水果的皮或肉质。

种子类(Seed,Nut,Other Individual Plant Flavors):茴香籽、杏仁、丁香、可可豆、胡椒、松果。

草药类(Botanical Mixture:sherbs,spices,plants):金鸡纳树皮、樟树皮、当归、芹菜、龙胆根、姜、甘草、姜黄、各种花类。

(2)按酒精含量划分

特制利口酒,酒度在 35°~45°。

精制利口酒,酒度在 25°~35°。

普通利口酒,酒度在 20°~25°。

(3)按所用基酒划分

以威士忌为基酒制作(Whisky Based Liqueurs)

以白兰地为基酒制作(Brandy Based Liqueurs)

以金酒为基酒制作(Gin Based Liqueurs)

以朗姆酒为基酒制作(Rum Based Liqueurs)

利口酒气味芬芳,味道香醇,色彩艳丽柔和,口味甘美,适合餐前饭后单独饮用,具有和胃、醒脑等保健作用;也可作为烹调和制甜点用酒。

利口酒相对来说酒精和糖的含量较高,在国外一般用于餐后饮用或调制鸡尾酒。利口酒比重较大,所以特别适合用来调配各种色彩鲜艳、层次分明的鸡尾酒。(见表 1-4-1)

表 1-4-1　常用利口酒密度表

利口酒名称	密度	颜色
Creme de Cassis 黑醋栗乳酒	1.1833	紫色
Grenadine Liqueur 石榴酒	1.1720	红色
Creme de Cacao 可可乳酒	1.1561	棕色
Creme de Cacao 可可乳酒	1.1434	白色

利口酒名称	密度	颜色
Creme de Noyaux 杏仁乳酒	1.1342	红色
Chocolate Cherry 巧克力樱桃利口酒	1.1247	棕色
Creme de Banana 香蕉乳酒	1.1233	黄色
Chocolate Mint 巧克力薄荷利口酒	1.1230	棕色
Blue Curacao 蓝香橙	1.1215	蓝色
Swiss Chocolate Almond 杏仁巧克力酒	1.1181	棕色
Creme de Menthe，White 薄荷乳酒	1.1088	白色
Creme de Menthe，Green 薄荷乳酒	1.1088	绿色
Orange Curacao 柑香酒	1.1086	白色
Peppermint schnapps 薄荷酒	1.0400	白、绿色
Apricot brandy 杏仁白兰地	1.0600	琥珀色
Blackberry brandy 黑草莓白兰地	1.0600	深红色
Cherry brandy 樱桃白兰地	1.0600	深红色
Peach brandy 桃味白兰地	1.0600	深琥珀色
Yellow Chartreuse 黄色查特酒	1.0600	黄色
Drambuie 杜林标蜂蜜酒	1.0800	黄色
Blue Curacao 蓝色柑香酒	1.1100	蓝色
Galliano 加利安奴	1.1100	金黄色
Cherry liqueur 樱桃利口酒	1.1200	深红色
Green Crème de Menthe 绿色薄荷酒	1.1200	绿色
White Crème de Menthe 薄荷酒	1.1200	白色
Strawberry liqueur 草莓利口酒	1.1200	红色
Coffee liqueur 咖啡利口酒	1.1400	深棕色
Crème de Banane 香蕉利口酒	1.1400	黄色
Dark Crème de Cacao 深可可乳酒	1.1400	棕色

续表

利口酒名称	密度	颜色
White Crème de Cacao 可可乳酒	1.1400	白色
Kahlua 甘露咖啡甜酒	1.1500	深棕色

（二）外国配制酒的饮用方法

1. 开胃酒的饮用方法

（1）净饮。使用工具有调酒杯、鸡尾酒杯、量杯、酒吧匙和滤冰器。做法是先把 3 粒冰块放进调酒杯中，量 45 mL 开胃酒倒入调酒杯中，再用酒吧匙搅拌 30s，用滤冰器过滤冰块，酒则滤入鸡尾酒杯中，并加入一片柠檬饮用。

（2）加冰饮用。使用工具有平底杯、量杯、酒吧匙。做法是用平底杯加进半杯冰块，量 1.5 量杯开胃酒倒入平底杯中，再用酒吧匙搅拌 10s，加入一片柠檬饮用。

（3）混合饮用。开胃酒可以与汽水、果汁等混合饮用，也可作为餐前饮料。以金巴利酒为例：

●金巴利酒加苏打水。做法：先在杯中加进半杯冰块、柠檬，再量 45 mL 金巴利酒倒入考林司杯中，加入 180mL 苏打水后用酒吧匙搅拌 5s。

●金巴利酒加橙汁。做法：先在平底杯中加进半杯冰块，再量 45mL 金巴利酒倒入，加入 120mL 橙汁，用酒吧匙搅拌 5s。

其他开胃酒，如味美思等也可以照上述方法饮用。

2. 甜食酒和餐后甜酒的饮用方法

（1）净饮。甜食酒净饮时有专用酒杯，雪利酒用雪利酒杯（120mL），倒入半杯饮用。干雪利酒要冰镇后饮用。波特酒用酒杯倒入 40mL 饮用。餐后甜酒用餐后酒杯饮用，倒满即可。

（2）加冰饮用。平底杯加半杯冰块，再加 30mL 餐后甜酒，用酒吧匙搅拌后饮用。

（3）混合饮用。餐后甜酒中有多种糖质，酒液浓稠，不适宜净饮，加冰或与其他饮料混合后，味道就特别好。例如绿薄荷酒，一般不净饮，只用来混合饮用。

●绿薄荷加雪碧汽水。做法：在考林司杯中加半杯冰块，倒入 30mL 绿薄荷酒，再倒进 180mL 雪碧汽水，用酒吧匙搅拌均匀即可。

●绿薄荷酒加菠萝汁。做法：在平底杯中加半杯冰块，倒入 30mL 绿薄荷酒，再倒 120mL 菠萝汁，用酒吧匙搅拌均匀即可。

任务二　认识中国配制酒

一、任务描述

- 掌握中国配制酒的主要特点
- 熟悉中国配制酒的主要分类

二、相关知识

（一）中国配制酒的特点

中国配制酒又称混成酒,是指在成品酒或食用酒精中加入药材、香料等原料精制而成的酒精饮料。其配制方法一般有浸泡法、蒸馏法、精炼法三种。

浸泡法是指将药材、香料等原料浸没于成品酒中陈酿而制成配制酒的方法;蒸馏法是指将药材、香料等原料放入成品酒中进行蒸馏而制成配制酒的方法;精炼法是指将药材、香料等原料提炼成香精加入成品酒中而制成配制酒的方法。

（二）中国配制酒的分类

少数民族的配制酒五花八门,丰富多样。有用药物根块配制者,如滇西天麻酒、哀牢山区的茯苓酒、滇南三七酒、滇西北虫草酒等;有用植物果实配制者,如木瓜酒、桑葚酒、梅子酒、橄榄酒等;有以植物秆茎入酒者,如人参酒、绞股蓝酒、寄生草酒;有以动物的骨、胆、卵等入酒者,如虎骨酒、熊胆酒、鸡蛋酒、乌鸡白凤酒;有以矿物入酒者,如麦饭石酒。

少数民族的配制酒按功效分,可分为保健型配制酒和药用型配制酒两大类。其中,保健配制酒种类多,用途广,占配制酒的绝大部分。中国配制酒如图1－4－3所示。

1.竹叶青　　　　　　　　　　　2.五加皮

图1－4－3　中国配制酒

（1）山西竹叶青。中国配制酒以山西竹叶青最为著名。竹叶青是山西省汾阳市杏花村汾酒集团的代表产品,它以汾酒为原料,加入竹叶、当归、檀香等芳香中草药材和适量的白糖、冰糖后浸制而成。该酒色泽金黄、略带青碧,酒味微甜清香,酒性温和,适量饮用有较好的滋补作用;酒度为45°,含糖量为10%。

（2）其他配制酒。其他配制酒种类很多,如:在成品酒中加入中草药材制成的五加皮酒;加入名贵药材制成的人参酒;加入动物性原料制成的鹿茸酒、蛇酒;加入水果制成的杨梅酒、荔枝酒;等等。

三、实训项目

以小组为单位,对中国及外国不同的配制酒作简单认识,并进行品鉴活动,填写表1-4-2。

表1-4-2　辨别酒的香气风格

酒水序号	信息类别			
	代表香气	酿造工艺	年份	其他(味、酒体等)
1.味美思				
2.比特酒				
3.茴香酒				
4.五加皮				
5.咖啡利口				

课后练习

1. 波特酒与雪利酒的制作原理有何区别?
2. 玛德拉酒的特色是什么?
3. 中国配制酒的主要特点是什么?

知识拓展

波特酒酿制工艺趣闻

波特酒酿制过程中,需要对颜色和单宁作快速的萃取,这是各种波特酒酿造方式中最重要的一环。因为波特酒是一种半发酵产品,酒庄会在葡萄汁发酵两到三天后添加白兰地中止发酵过程,故而相比于正常的葡萄酒发酵时间较短,因此过去酒庄会用脚踩压葡萄萃取色素和单宁。

人类双脚的踩压是加快葡萄汁浸渍最好的方式,温暖且不会损伤葡萄籽。曾几何时,在杜罗河谷,每年葡萄收获之后,在很多酒庄都可以看到男女老少跳进葡萄汁皮没过大腿的 lagar 水槽,肩并肩伴随着音乐一起有规律地踩压,这种辛苦的踩压一般会持续 2 到 3 个小时。如今随着科技的发展,这种传统方式越来越成为一种庆祝收获的仪式,人们开始转而依赖于节省人力的 Autovinifier(一种封闭式自动泵送机器)和电脑控制的 Robotic Lagares(机器人踩压)。

(资料来源:酒料网)。

非酒精饮料

学习目标

1. 茶叶的主要种类及储存方法
2. 咖啡的分类及冲泡特点
3. 碳酸饮料的分类及品种

非酒精饮料(Non – Alcoholic Drink)又称软饮料(Soft Drink),是指一种酒精浓度不超过 0.5%(容量比)的提神解渴饮料。

任务一　认识茶叶

一、任务描述

- 了解茶叶的主要种类
- 学习茶叶的主要储存方法

二、相关知识

(一)茶叶的种类

茶叶是风靡世界的非酒精饮料。目前,全世界约有 30 多亿人饮茶,其人数之众令人惊叹。中国是茶的发源地,是茶的故乡,中国人自古就有饮茶的习惯。历史上中国的茶文化和茶叶种植技术随古丝绸之路远播四方。周边各国也就茶文化有了沟通、交流和借鉴。到目前为止,全世界已有 50 多个国家和地区种茶产茶,而世界上著名的产茶国家有:中国、印度、斯里兰卡、肯尼亚、印度尼西亚、巴基斯坦、日本等。

我国茶叶的品种非常丰富,根据茶的制造方法和品质特点,可将其分为红茶、绿茶、花茶、乌龙茶和紧压茶等五大类。

1.红茶

红茶是我国第二大茶类,也是世界茶叶贸易中最大宗产品。深受欧美各国消费者的欢迎。红茶属于全发酵茶,是用鲜芽叶以一芽二到三叶为原料经加工、发酵制成的。基本工艺过程是萎凋、揉捻、发酵、干燥等4个工序。萎凋是红茶初制的重要工序,萎凋的目的是使鲜叶蒸发掉一部分水分,使叶片软化,便于揉捻成条,并为发酵工作准备条件。萎凋的方法有自然萎凋和加温萎凋两种。发酵是使叶子中的单宁氧化,去掉苦涩和青草味,产生"红叶红汤"的特有香气和滋味。我国中医学认为,红茶药性味甘温,含有丰富的蛋白质,可补益身体、善蓄阳气、生热暖腹,增强人体对寒冷的抗御能力。中国红茶可分为小种红茶、工夫红茶和红碎茶等三种类型。

2.绿茶

绿茶是我国历史上最早的茶类,也是我国茶量最大的茶类。绿茶属于不发酵茶,它以鲜嫩的芽叶为原料,不经过发酵,保持茶叶原有的特征,其干茶色泽和冲泡后的茶汤、叶底以绿色为主调,故得此名。制造工艺过程包括杀青、揉捻、干燥等三个主要加工工序。杀青是用铁锅高温杀灭鲜叶中的酶,保持鲜叶青绿色;揉捻就是将杀青后的鲜叶揉捻成条,使其外形美观,并缩小体积;干燥是蒸发掉水分,便于保存。

绿茶的特性,较多地保留了鲜叶内的天然物质。其中茶多酚、咖啡碱保留鲜叶的85%以上,叶绿素保留50%左右,维生素损失也较少,从而形成了绿茶"清汤绿叶、滋味收敛性强"的特点。最新科学研究结果表明,绿茶中保留的天然物质成分,对防衰老、防癌、抗癌、杀菌、消炎等均有特殊效果,为其他茶类所不及。中国绿茶中,名品最多,不但香高味长,品质优异,且造型独特,具有较高的艺术欣赏价值。

根据茶叶干燥的方法不同,绿茶可分为蒸青、炒青、烘青和晒青四大类。

绿茶的名品有西湖龙井、黄山毛峰、碧螺春、信阳毛尖、庐山云雾、六安瓜片等。

3.花茶

花茶是我国特有的品种,又名窨花茶、香花茶、香片,是以绿茶、红茶、乌龙茶茶坯及符合食用需求、能够吐香的鲜花为原料,经香花熏制而成的。我国用于制作花茶的鲜花有:茉莉花、白兰花、珠兰花、桂花、柚子花、玳瑁花、玫瑰花、米兰花等。在国际与国内市场上行销量大的是茉莉花茶。这是因为茉莉的香气为广大饮花茶的人所喜爱,在可窨花茶的玫瑰、蔷薇、桂花等中被誉为众花之冠。花茶的品质,既具有鲜花馥郁鲜灵的芳香,又具有茶叶原有的醇厚滋味;茶叶引花香,花增茶味,相得益彰。既保护了浓郁爽口的茶味,又有鲜灵芬芳的花香。冲泡品啜,花香袭人,甘芳满口,令人心旷神怡。花茶不仅仍有茶的功效,而且花香也具有良好的药理作用,裨益人体健康。

4.乌龙茶

乌龙茶属于半发酵茶,外形色泽呈青褐色,故又叫"青茶"。它是我国几大茶类中,独具鲜明特色的茶叶品类。乌龙茶综合了绿茶和红茶的制法,品质介于二者之间,既有红茶的浓鲜味,又有绿茶的芳香,所以有"绿叶红镶边"的美誉。饮后齿颊留香,回味甘鲜。乌龙茶的药用作用,突出表现在分解脂肪、减肥健美等方面。在日本,乌龙茶被称为"美容茶""健美茶"。

乌龙茶为我国特有的茶类,主要产于福建的闽北、闽南及广东、台湾三个省。近年来四川、湖南等省也有少量生产。商业上习惯根据其产区不同,将乌龙茶分为:闽北乌龙、闽南乌龙、广东乌龙、台湾乌龙等四个种类。

乌龙茶的名品有安溪铁观音、武夷岩茶、凤凰单枞等。

5.紧压茶

紧压茶,是以黑毛茶、老青茶、做庄茶及其他适合的毛茶为原料,经过渥堆、蒸、压等典型工艺过程加工而成的砖形或其他形状的茶叶。紧压茶的多数品种比较粗老,干茶色泽黑褐,汤色橙黄或橙红。在少数民族地区非常流行。紧压茶有防潮性能好,便于运输和储藏,茶味醇厚,适合减肥等特点。

(二)茶叶的储存

根据茶叶的特性,茶叶的储藏保管最为理想的条件是:干燥(含水量在6%以下,最好是3%~4%)、冷藏(最好是0℃)、无氧(抽成真空)、避光保存。但由于各种客观条件的限制,以上这些条件往往不可能兼而有之。因此,在具体操作过程中,可抓住茶叶"干燥"这个必需的要求,根据各自现有条件设法延缓茶叶的陈化过程。一般红、绿茶随保管时间的延长而质量逐渐变差,如色泽灰暗、香气减低、汤色暗浑、滋味平淡等。通常把这一变化称为"陈化"。它是成分发生变化的一个综合表现。茶叶之所以会陈化,最重要的原因是氧化作用的结果。

任务二　认识咖啡

一、任务描述

- 了解咖啡的主要种类
- 学习咖啡的主要冲泡方式

二、相关知识

(一)咖啡的主要分类

咖啡原产于埃塞俄比亚。传说在三千年前,一个牧羊人看到他放牧的羊吃了一种无名灌木的果实之后便兴奋、激动、跑跳不停,于是,牧羊人也亲口尝了这种无名的果实,结果同样感到精神振奋。当地因信奉伊斯兰教,禁止教徒饮酒,于是人们用咖啡代替酒的方法很快地传播开了。咖啡树为茜草科多年生常绿灌木,白色的花,红色的果,外形像樱桃,除去外皮后内藏的两粒种子被称为咖啡豆。

咖啡的分类有很多种,主要如下:

1. 按咖啡的产地分类

(1)巴西。巴西是目前世界上最大的咖啡生产国和出口国,以山多斯咖啡(Santos)最为有名。它适度的苦,风味轻柔,有奔放的热带口感,是混合咖啡的绝佳基底。

(2)哥伦比亚。哥伦比亚特级咖啡豆品质优良,具有圆滑的酸味和甜香,醇厚浓郁。

(3)印度尼西亚。最出名的咖啡是苏门答腊的高级曼特宁咖啡,它的香味沉淀厚重,有微酸性的口味。

(4)埃塞俄比亚。埃塞俄比亚摩卡咖啡,有着与葡萄酒相似的酸味和浓香,质性浓厚。

(5)墨西哥。墨西哥是中美洲主要的咖啡生产国,科特佩咖啡(Coatepec)被认为是世上最好的咖啡之一,咖啡口感舒适,芳香迷人。

(6)危地马拉。危地马拉著名的安提瓜咖啡(Antigua)享有世界上品质最佳的咖啡的声望,有上等的酸味,芳醇的余香。

(7)牙买加。牙买加蓝山咖啡(Blue Mountain)因生长于海拔3000米以上的蓝山区而得名,是世界上最有名、最昂贵的咖啡,它被人们称作"黑色宝石",是咖啡中的极品。

(8)中国云南。小粒种咖啡浓而不苦、香而不烈且带一点水果风味,被国际咖啡组织评为一类产品,在国际咖啡市场上大受欢迎,被评定为咖啡中的上品。

2. 按咖啡调制时配料的不同进行分类

(1)单品咖啡。单品咖啡,就是用原产地出产的单一咖啡豆磨制而成,饮用时一般不加奶或糖的醇正咖啡。有强烈的特性,口感特别,成本较高,因此价格也比较贵。比如前面提到的著名的牙买加蓝山咖啡、巴西咖啡、哥伦比亚咖啡等,都是以咖啡豆的出产地命名的单品。

(2)拿铁咖啡。拿铁咖啡是意大利浓缩咖啡与牛奶的经典混合,意大利人喜欢把拿铁咖啡作为早餐的饮料。

（3）卡布奇诺咖啡。卡布奇诺（Cappuccino）是将咖啡、牛奶与奶泡按1:1:1比例调配的饮品。咖啡上的奶泡沫，其实与天主教卡布奇会教士们所穿的披风上的帽子很像，这也是这种咖啡名称的由来。

（4）皇家咖啡。这款咖啡最大的特点是先在咖啡杯中倒入煮好的热咖啡，再在杯上放置一把特制的汤匙，汤匙上搁着浸过白兰地的方糖和少许白兰地。以火柴点燃方糖，就可以看到美丽的淡蓝火焰在方糖上燃烧，等火焰熄灭方糖也融化的时候，将汤匙放入咖啡杯中搅匀，香醇的皇家咖啡立现。

（5）爱尔兰咖啡。爱尔兰咖啡的冲泡方式是最著名的咖啡冲泡方式。爱尔兰咖啡是一种既像酒又像咖啡的咖啡，原料是爱尔兰威士忌加咖啡豆。特殊的咖啡杯，特殊的煮法。爱尔兰咖啡杯是一种方便于烤杯的耐热杯。烤杯的方法可以去除烈酒中的酒精，让酒香与咖啡能够更直接地调和。

（6）摩卡咖啡。在拿铁咖啡中加入巧克力，就可以调成香浓的摩卡咖啡。摩卡咖啡制作十分简单，把三分之一的意大利浓缩咖啡、三分之一的热巧克力和三分之一的热牛奶依次倒入咖啡杯，就做成了摩卡咖啡。

3. 按咖啡豆调制前的形态分类

咖啡分为两大类：豆制咖啡和速溶咖啡。传统的豆制咖啡冲泡过程是将咖啡豆烘焙、研磨、冲煮的过程。速溶咖啡是用咖啡豆制成的，咖啡豆经过烘焙、研磨、融水萃取、真空浓缩、喷雾干燥，形成了速溶咖啡的颗粒。世界上第一杯速溶咖啡——雀巢咖啡，便是由雀巢公司于1938年发明的，并很快就在全球盛行起来。

（二）咖啡的冲泡步骤

咖啡的冲泡分为挑选咖啡豆、选择冲煮器具、研磨咖啡豆、冲煮咖啡等步骤。

1. 挑选咖啡豆

挑选咖啡豆最关键的一点就是必须选择新鲜的咖啡豆，主要可从香味、形状、质地和色泽几个方面来考虑。

（1）香味：新鲜的咖啡豆闻之有浓香，反之则无味或气味不佳。

（2）形状：好的咖啡豆形状完整、个头丰硕。反之则形状残缺不一。

（3）质地：新鲜的咖啡豆压之鲜脆，裂开时有香味飘出。

（4）色泽：深色带黑的咖啡豆，煮出来的咖啡具有苦味；颜色较黄的咖啡豆，煮出来的咖啡带酸味。

2. 选择冲煮器具

当挑选好咖啡豆后，需要选择好的咖啡器具对不同类别的咖啡进行冲泡。常用的咖啡冲煮器具如图1-5-1所示。

（1）摩卡壶。分为上下两部分，水放在下半部分煮开沸腾产生蒸气压力；滚水

摩卡壶　　　　　　　虹吸壶　　　　　　皇家比利时壶

半自动咖啡机　　　　　　　全自动咖啡机

图1-5-1　常用的咖啡冲煮器具

上升,经过装有咖啡粉的过滤壶上半部;当咖啡流至上半部时,将火关小,如果温度太高会使咖啡产生焦味。

(2)虹吸壶。1840年,英国海洋工程师纳贝尔发明了虹吸式咖啡加热器。这种加热器是根据水沸腾时产生压力的原理,热水被压到另一个部分装有咖啡粉的玻璃球中进行充分煮泡。

(3)皇家比利时壶。从外表来看,它就像一个对称天平,右边是水壶和酒精灯,左边是盛着咖啡粉的玻璃咖啡壶。两端靠着一根弯如拐杖的细管连接。当水壶装满水,天平失去平衡向右方倾斜;等到水滚了,蒸气冲开细管里的活塞,顺着管子冲向玻璃壶,跟等待在彼端的咖啡粉相遇,温度刚好是咖啡最喜爱的95℃。待水壶里的水全部化成水汽跑到左边,充分与咖啡粉混合之后,因为虹吸原理,热咖啡又会通过细管底部的过滤器,回到右边,把渣滓留在玻璃壶底。

(4)半自动咖啡机。半自动咖啡机是意大利传统的咖啡机。这种机器依靠人工操作磨粉、压粉、装粉、冲泡、人工清除残渣。这类机器有小型单头家用机,也有双头、三头大型商用机等,其主要特点是:机器结构简单,工作可靠,维护保养容易,按照正确的使用方法可以制作出高品质意大利咖啡。半自动咖啡机主要适合营业性的咖啡店。

(5)全自动咖啡机。全自动咖啡机是把电子技术应用到咖啡机上,实现了磨粉、压粉、装粉、冲泡、清除残渣等冲泡咖啡全过程的自动控制。全自动咖啡机方便、快捷、品质一致、高效率,操作人员不需要培训。但机器结构比较复杂,需要良好保养。全自动咖啡机主要适用于饭店咖啡厅、餐厅、酒吧、办公室等场所。

3.咖啡豆的研磨

一般咖啡豆的研磨可分粗磨、中磨、细磨。粗磨后咖啡粉末大小如粗白糖,适合摩卡壶式冲泡。中磨后咖啡粉末大小介于粗白糖和砂糖之间,适合虹吸壶式冲泡。细磨后咖啡粉末大小如细砂糖,适合电动咖啡壶式冲泡。研磨咖啡最理想的时间是将要烹煮之前。因为磨成粉的咖啡容易氧化散失香味。研磨豆子的时候,粉末的粗细要视烹煮的方式而定。一般而言,烹煮的时间愈短,研磨的粉末就要愈细;烹煮的时间愈长,研磨的粉末就要愈粗。

任务三　认识碳酸饮料

一、任务描述

- 了解碳酸饮料的主要种类
- 学习碳酸饮料的选购及保存

二、相关知识

碳酸饮料又叫汽水,是含二氧化碳气体的饮料的总称。碳酸饮料的特点是在饮料中充入二氧化碳气体,成品中二氧化碳气体的含量不低于 2.0 倍(20℃时的容积倍数)。碳酸饮料饮用时泡沫多而细腻,外观舒服,饮后爽口清凉,具有清新口感。

常见的碳酸饮料有可乐(Cola)、汤力水(Tonic Water)、苏打水(Soda Water)、干姜水(Ginger Ale)、新奇士橙汁汽水(Sun Kist Orange)等。

(一)碳酸饮料的种类

按原料或产品的性状进行分类,可将碳酸饮料分为以下几类。

1.普通型

普通型碳酸饮料通过加工压入二氧化碳,饮料中不含有人工合成香料,也不使用任何天然香料。常见的有苏打水、俱乐部苏打水以及矿泉水碳酸饮料。

2.果味型

主要是依靠食用香精和着色剂,赋予一定水果香型和色泽的汽水。这类汽水原果汁含量低于 2.5%,色泽鲜艳,价格低廉,不含营养素,一般只起清凉解渴作用。果味型碳酸饮料品种繁多,产量也很大。人们几乎可以用不同的食用香精和着色剂,来模仿任何水果的香型和色泽,制造出各种果味汽水,如橘子汽水、柠檬汽水、汤力水和干姜水。

3.果汁型

即在原料中添加了一定量的新鲜果汁制成的碳酸水。果汁型碳酸饮料除了具有相应水果所特有的色、香、味之外，还含有一定的营养素，有利于身体健康。当前，在饮料向营养型发展的趋势中，果汁汽水越来越受到人们的欢迎，生产量也大为增加。一般其果汁含量大于2.5%，如橘汁汽水、橙汁汽水、菠萝汁汽水、混合果汁汽水等。

4.可乐型

可乐型碳酸饮料是将多种香料与天然果汁、焦糖色素混合后充气而成。风靡全球的可口可乐，其香味除来自于古柯树树叶的浸提液和可拉树种子的抽取液外，还含有砂仁、丁香等多种混合香料，因而味道特殊，极受人们欢迎。

（二）碳酸饮料的选购及保存

含有适量二氧化碳气体，是碳酸饮料的重要特征。碳酸饮料具备特有的甜、酸感和二氧化碳清凉口感。清汁类碳酸饮料外观透明，无沉淀；浑汁类碳酸饮料浑浊均匀，允许有少量果肉沉淀。

瓶装汽水液面距瓶口应为3～6厘米，瓶口干净，无锈迹。塑料瓶或易拉罐装的碳酸饮料用手捏不动，上下摇动，瓶中会产生大量气泡，这表明密封良好。

透明型汽水倒置后对光检查，不得有云雾状物质或小颗粒；果肉型汽水不得有分层和明显沉淀物。若甜味不足，有异味，表明汽水已变质。若二氧化碳的清凉刺激感不明显，表明饮料中二氧化碳含量低。

成品碳酸饮料保质期为6个月至1年。可在常温、阴凉的地方避光保存，或放置冰箱内冷藏贮存。

三、实训项目

以小组为单位，对不同类型的茶叶作简单认识，并进行品鉴活动，填写表1－5－1。

表1－5－1　认识茶叶

序号	信息类别			
	产地	质量	价格	其他
1.绿茶				
2.红茶				
3.花茶				
4.乌龙茶				
5.紧压茶				

课后练习

1. 茶叶的种类有哪些?
2. 咖啡的冲泡过程中应注意哪些事项?
3. 碳酸饮料的种类有哪些?

 知识拓展

如何品鉴一杯单品咖啡

年轻人非常喜欢喝咖啡,但多不知咖啡的特性如何。品鉴一杯单品咖啡首先得从香、甘、醇、涩、苦、酸6个方面入手。见表1-5-2。

表1-5-2 咖啡品鉴术语

术语	描述
香	劣质:工业香精气味、腐朽味道 优质:纯粹的咖啡香气
甘	劣质:回味干涩 优质:满口生津的感觉
醇	劣质:咖啡的味道"浮游"在舌尖 优质:有一定厚度感
涩	劣质:过于苦涩 优质:涩而不干
苦	劣质:舌根发苦 优质:温润不苦
酸	劣质:刻意 优质:有一定包容性

鸡尾酒

学习目标

1. 鸡尾酒的主要分类及原料
2. 鸡尾酒的品鉴知识

任务一　认识鸡尾酒

一、任务描述

- 了解鸡尾酒的概念
- 掌握鸡尾酒的主要分类及原料

二、相关知识

"鸡尾酒"一词的来源,众说纷纭。我们认为该词是英语 cocktail 的意译。从 19 世纪时,鸡尾酒开始在英国及美国等国流行。到了 20 世纪,美国的酒保因为 1920 年的禁酒法而前往欧洲等地,迅速将鸡尾酒推广到全世界各地。

(一)鸡尾酒的含义

鸡尾酒是由两种或两种以上的酒掺入果汁、碳酸饮料等配合而成的一种饮品。具体地说,它是用基酒(主要是烈性酒)和辅料(主要是加色加味溶液、调缓溶液、香料、香精、色素等)按一定分量配制而成的一种混合饮品。

(二)鸡尾酒的种类

世界上各种混合酒约有 2000 多种,分类方法也多种多样。

1. 根据饮用时间和地点分

(1)餐前鸡尾酒。它是以增加食欲为目的的混合酒,口味分甜和不甜两种。

如:被称为混合酒鼻祖的马天尼(Martini)和曼哈顿(Manhattan)便属此类。

(2)俱乐部鸡尾酒。在用正餐(午、晚餐)时,或代替头盘、汤菜时提供。这种混合酒色泽鲜艳,富有营养并具有刺激性。如:三叶草俱乐部鸡尾酒(Clover Club Cocktail)。

(3)餐后鸡尾酒。几乎所有餐后鸡尾酒都是甜味酒,如亚历山大鸡尾酒(Alexander Cocktail)。

(4)晚餐鸡尾酒。晚餐时饮用的鸡尾酒,一般口味很辣,如法国的鸭臣鸡尾酒(Absinthe Cocktail)。

(5)香槟鸡尾酒。在庆祝宴会上饮用,先将调剂混合酒的各种材料放入杯中预先调好,饮用时斟入适量香槟即可。

2.按混合方法分

(1)短饮类(Short drink)。酒精含量较高,香料味浓重,放置时间不宜过长,如马天尼(Martini)、曼哈顿(Manhattan)均属此类,通常用短杯提供。

(2)长饮类(Long drink)。即用烈酒、果汁、汽水等混合调制的,酒精含量低的饮料。是一种温和的混合酒,可放置较长时间不变质,通常放在高杯中饮用,所以杯具是以酒品的名称命名的。例如:哥连士(Collins),放在哥连士(长饮)杯中。

(3)热饮类(Hot drink)。其与其他混合酒最大的区别是用沸水、咖啡或热牛奶冲兑,如托地(Toddy)、热顾乐(Grog)等。

(三)鸡尾酒的原料

1.基酒

基酒主要以烈性酒为主,又称鸡尾酒的酒底。通常以白兰地、威士忌、金酒、朗姆酒、伏特加、特基拉酒为酒底,其含量较高,往往达到甚至超过总量的一半,个别的如长饮类也有低于一半的。一般用一种烈性酒,以确定鸡尾酒的酒味。在有些情况下,也可用两种烈性酒为基酒,但不能用更多的不同烈性酒,否则会导致气味混杂而破坏酒味。也有些鸡尾酒用开胃酒、餐后甜酒、葡萄酒或香槟等作基酒的,个别的鸡尾酒不含酒的成分,但这些情况为数不多。

2.辅料

鸡尾酒的色彩非常艳丽,所以除基酒外,还需要加色加味溶液、调缓溶液和传统的香料、香精、色素等辅料,如金色的香蕉酒、绿意盎然的蜜瓜酒、透明白净的白薄荷酒、蔚蓝天空般的蓝橙力娇酒等。鸡尾酒的辅料大致可以分为以下4种类型。

(1)加色加味溶液。这类辅料又称为配酒,是调酒中必不可少的加色加味剂。配酒主要包括开胃酒类、利口酒类等。调酒时常用的配酒见表1-6-1。

表1-6-1 常用加色加味溶液

名称	说明
味美思酒(Vermouth)	以葡萄酒为基酒,用芳香植物的浸液调制而成的加香葡萄酒。它因特殊的植物芳香而"味美"。
甘露酒(Kahlua)	深褐色,巧克力味,甜浓。
红石榴糖浆(Grenadine)	红色、味酸甜。

(2)调缓溶液。作为调缓溶液的原料主要是碳酸饮料及果汁,其作用主要是使酒体度数下降,且不改变酒体风味。常用调缓溶液见表1-6-2。

表1-6-2 常用调缓溶液

名称	说明
可乐饮料(Cola)	黑褐色、甜味、含咖啡因的碳酸饮料
干姜水(Ginger Ale)	以生姜为原料,加入柠檬、香料,再用焦麦芽着色制成的碳酸水。
汤力水(Tonic water)	入口略带咸苦味,后味却很爽口。
苏打水(Soda water)	使人产生舒爽感,有促进食欲的功效。
鲜果汁(Fresh juice)	用水果刚刚挤出的纯果汁。
果汁(Juice)	如橙汁、柠檬汁、葡萄汁、菠萝汁等。

(3)香料。调制鸡尾酒的原材料中,香料所占的比例非常小,但在其中却起到极其重要的作用。调酒时常用香料见表1-6-3。

表1-6-3 调酒时常用香料

名称	说明
肉豆蔻(Myristica fragrans Houtt)	具有较强的刺激性甜香味。
薄荷(mint)	调制鸡尾酒时使用其嫩芽,会产生独特的清爽口感,再饰以鲜叶,更会使人生津止渴、心旷神怡。
全味胡椒(pepper)	限于加勒比海诸岛、中南美等拉丁美洲地区。全味,是指它具有桂皮、丁香、肉豆蔻等植物的香味。
药草(herb)	在美国,常将它们的叶子干燥后加工成粉末状使用,而在欧洲则多使用鲜叶。

（4）其他辅料。包括砂糖、食盐、鸡蛋等，见表1-6-4。

表1-6-4 调酒时常用其他辅料

名称	说明
砂糖（sugar）	粒状砂糖、方糖、砂糖粉等。
食盐（sault）	细的精盐。
鸡蛋（egg）	鸡蛋又可以分离成蛋清和蛋黄。

三、实训项目

以小组为单位，对25款经典鸡尾酒配方进行点评，说明其配方的原料构成及比例搭配的合理性。（见附录鸡尾酒经典配方）

任务二　品鉴鸡尾酒

一、任务描述

- 了解品鉴鸡尾酒的基础知识
- 熟悉鸡尾酒的品鉴方法

二、相关知识

对鸡尾酒的鉴赏，至少应包括色、香、味、形、格（风格）、卫（卫生指标）等方面。理想情况是鉴赏其整体和谐的美，心灵与之相沟通，以达到"酒人合一"的忘我境界。

要获得如此理想的效果，鉴赏者必须具备较好的文化知识背景及较高的鉴赏能力。当然这也与人的习惯、生理和心理有关。

（一）对鸡尾酒鉴赏的基础知识

1.鸡尾酒的色泽与人的情感

- 白色鸡尾酒，给人以纯洁、神圣、善良之感；
- 蓝色鸡尾酒，既可引发冷淡、伤感的联想，又能使人平静而产生希望；
- 绿色鸡尾酒使人感到生机勃勃，让人向往未来；
- 黄色鸡尾酒，给人以神圣而辉煌的感觉；
- 粉红色鸡尾酒，表达着健康、热烈、浪漫之情；
- 紫色鸡尾酒，表示高贵而庄重。

2.鸡尾酒香气的心理效应

捷里聂克(P.Jellinek)根据人们对香气的心理反应,将香气划分为以下4类,可作为研究鸡尾酒香气心理效应的参考。

(1)属于动性效应的香气。包括干酪气、酸败气等所有动物香气。可用"碱气"及"呆钝"表示。

(2)属于麻醉性效应的香气。包括"鲜花香"和"膏香"。可用"甜气"和"圆润"表示。

(3)属于抗动情性效应的香气。包括清香、清淡气、薄荷香、树脂香等各种"烯类"及樟脑气味。可用"酸气"和"尖锐"表示。

(4)属于兴奋性效应的香气。包括苔草香、辛香气、药草香、焦香气等。可用"苦气"和"坚实"表示。

3.鸡尾酒的口味对人的生理效应

我国将口味分为甜、酸、苦、辣、咸、鲜、涩七味,欧美各国将口味分为甜、酸、苦、咸、辣、金属味,日本将口味分为甜、酸、苦、辣、咸、鲜六味。

经试验证明,能刺激人味觉的温度为10℃~40℃,其中以30℃时最为敏感,低于或高于30℃,各种味觉均会减弱,而味觉在50℃以上时感觉最迟钝。

人们对各味的生理效应:通常称甜、酸、苦、咸为四原味,人对苦味最为敏感,这与舌头各部位对味觉的敏感性有关。甜味的灵敏区在舌尖;咸味的敏感区以舌尖侧面的边缘为主;舌根部是苦味的最敏感区;后半舌的两侧边缘,对酸味最敏感。舌头的后部和软腭、喉头,对滋味的感觉比前部持久。故而喝进一口酒后,应使其布满全部味觉区,并吸进少量空气,才能感知均匀正确的味觉。辛辣味几乎在全部舌面都能感知;涩味是口腔黏膜的收敛感。当然,辛辣成分也对黏膜有刺激作用。

(二)鸡尾酒的鉴赏

鸡尾酒有其自身的特点:一是鸡尾酒往往带有装饰,而且用杯也很复杂;二是由于使用的材料除酒类外,还有汽水、果汁、牛奶、咖啡等饮料,以及其他诸多食用辅料,因而在一定程度上可以说它是含酒精及各种食品的"综合体";三是它以冷饮为主,还有常温饮用的饮料及热饮;四是有些鸡尾酒如无醇的宾治等,根本不含酒精;五是鸡尾酒的类别和品名远远多于一般饮料酒,而且其酒名的意蕴也极为广泛。

1.鸡尾酒外观装饰的鉴赏

(1)载杯:鸡尾酒的载杯主要是鸡尾酒杯、香槟酒杯、高脚酒杯及阔口无脚平底酒杯四大类,即所谓的基准杯。其他酒杯几乎全由它们衍变而来,如国外鸡尾酒会中所用的白兰地杯、利口酒杯、浅量快饮杯、雪利酒杯、酸酒杯、甜酒杯、白葡萄酒杯及古典杯等。

（2）杯垫：杯垫大多用具有一定厚度的纸板制成。因其上面印有特殊的图案和文字，故也可视为一种小型工艺品。酒垫与酒瓶一样，世界各地均有爱好者收集珍藏，并有相应的一些协会。

（3）装饰：鸡尾酒的装饰，犹如一个人的饰物，一定要恰到好处，不能画蛇添足。

2. 鸡尾酒香、味的欣赏

鸡尾酒的香气是一切基酒及很多辅料的综合香，因此，更为复杂而微妙。

通常，酒的闻香效果以15℃～20℃为好。虽然鸡尾酒多为低温，但也能闻到其香。可以将酒杯离鼻子近一些，深吸气，一下子吸进较多的香气成分的分子。另外，可将酒饮入口中后，稍停片刻，酒液受口腔内人体温度的影响，香气成分也会自然挥发，这时，再进行呼气，让酒气通过鼻腔，感受香气。对鸡尾酒口味的基本要求是甜、酸、苦、辣、咸、鲜、涩诸味协调，而不是口味单调。

鸡尾酒有"长饮"和"短饮"之分。所谓短饮即"很快饮完"，甚至一饮而尽。但科学的饮酒方法应以慢饮为好，只有慢饮才能体会其中韵味。通常在品尝鸡尾酒时，一口只需6ml，且不要立即下咽，应让酒布满整个舌体和口腔，到达每个味蕾点。只有这样，才能得到一个综合的总体印象，感知总体口味是否协调。

三、实训项目

自创设计2款鸡尾酒（酒精与非酒精鸡尾酒各一款），写出配方及寓意。

 课后练习

1. 收集关于鸡尾酒的各种传说。
2. 如何品鉴鸡尾酒？
3. 收集世界经典鸡尾酒的配方。

 知识拓展

鸡尾酒背后的秘密

走进熟悉的酒吧，酒吧调酒师递上来酒单。面对众多的鸡尾酒，你知道经典鸡尾酒发明者是谁吗？今天让我们来探寻全球4大经典鸡尾酒背后的故事。如图1-6-1所示。

图 1-6-1 经典鸡尾酒的传说

1. 血腥玛丽

血腥玛丽(Bloody Mary)鸡尾酒由伏特加、番茄汁、柠檬片、芹菜根混合而制成，色泽鲜红，又咸又甜，非常独特。据说，20世纪20年代，在法国巴黎的哈里纽约酒吧，一位名叫费尔南德的调酒师发明了血腥玛丽鸡尾酒。16世纪中叶，英格兰女王玛丽一世当政，她为了复兴天主教而迫害了一大批新教教徒，人们称她为"血腥玛丽"。在1920～1930年美国颁布实施禁酒令期间，酒吧创造出了这款通红的鸡尾酒，就用"血腥玛丽"给它命名。

2. 椰林飘香鸡尾酒

椰林飘香(Pina Colada)鸡尾酒是用冰镇菠萝汁、朗姆酒、椰奶等调制而成的，椰香浓郁，无比清凉，在加勒比地区非常流行。这款鸡尾酒是在波多黎各最早被创制出来的，1978年，波多黎各宣布将其定为国饮。而"Pina Colada"的名字来源于西班牙语，其中"Pina"指"菠萝"，"Colada"来源于动词"Colar"，意思是"过滤"。

3. 边车鸡尾酒

边车(Side Car)鸡尾酒由干邑白兰地、橙皮甜酒和柠檬汁调配而成，以第一次世界大战时活跃在战场上的军用边斗车命名。那时，专业调酒师在调酒时听到边车的声音，于是就将正在调和的鸡尾酒取名为"边车"。另一种说法是，此款鸡尾酒是由巴黎哈丽兹纽约酒吧的专业调酒师哈丽·马克路波于1922年发明的，名字是为了纪念一位美国的上尉，他喜欢骑着摩托边车在巴黎游玩。

4. 得其利鸡尾酒

得其利(Daiquiri)鸡尾酒又叫冻唇蜜鸡尾酒。谈到它的由来,争议较大。真实一点的说法是 Daiquiri 原本是古巴一个矿山的名字。后来, 20 世纪初,在这里工作的美国技师用当地产的朗姆酒和砂糖调和制成鸡尾酒。其口味酸甜可口,无比清爽,不仅有很好的消暑功效,还有健胃作用。

模块二　酒吧认知

项目一 酒吧概述

学习目标

1. 酒吧的起源及定义
2. 酒吧的分类及吧台设计

任务一　认识酒吧

一、任务描述

- 酒吧的起源
- 酒吧的定义

二、相关知识

（一）酒吧的起源

最初,在美国西部,牛仔和强盗们很喜欢聚在小酒馆里喝酒,由于他们都是骑马而来,所以酒馆老板就在馆子门前设了一根横木,用来拴马。后来,汽车取代了马车,骑马的人逐渐减少,这些横木也多被拆除。有一位酒馆老板不愿意扔掉门前那根已成为酒馆象征的横木,便把它拆下来放在柜台下面,没想到却成了顾客们垫脚的好地方,受到了顾客的喜爱。其他酒馆听闻此事后,也纷纷效仿,因此柜台下放横木的做法便普及起来。由于横木在英语里念"bar",所以人们索性就把酒馆翻译成"酒吧"。

（二）酒吧的定义

酒吧(bar,pub)是指提供啤酒、葡萄酒、蒸馏酒、鸡尾酒等酒精饮料的消费场所。其中 bar 多指娱乐休闲类的酒吧,提供现场的乐队或歌手、专业舞蹈团队表演。部分 bar 还有调酒师表演精彩的花式调酒。而 pub 多指英式的以饮酒为主的酒吧,是 bar 的一种分支。

任务二　酒吧的分类及吧台结构设计

一、任务描述

- 酒吧的分类
- 吧台结构设计

二、相关知识

（一）酒吧的分类

1. 根据服务内容分类

（1）纯饮品酒吧

此类酒吧主要提供各类饮品，也有一些佐酒小吃，如果脯及杏仁、果仁、花生等坚果类食品。一般的娱乐中心酒吧及机场、码头、车站等的酒吧属此类。

（2）供应食品的酒吧

①餐厅酒吧：这种酒吧绝大多数经营餐饮食品，酒吧仅作为吸引客人消费的一个手段，所以酒水利润相对于单纯的酒吧类型要低，品种也较少。

②小吃型酒吧：小吃的品种往往是风味独特及易于制作的食品，如三明治、汉堡、烤肉等。

③夜宵式酒吧：往往是高档餐厅的夜间经营场所。入夜，餐厅将环境布置成类似酒吧型，有酒吧特有的灯光及音响设备；产品上，酒水与食品并重，客人可单纯享用夜宵或其特色小吃，也可单纯用饮品。

（3）娱乐型酒吧

这种酒吧的环境布置主要是为了满足寻求刺激的客人，所以这种酒吧往往会设有乐队、舞池、卡拉 OK 等，有的甚至于以娱乐为主酒吧为辅，所以吧台在总体设计中所占空间较小，舞池较大。

（4）休闲型酒吧

此类酒吧通常我们称之为茶座，是客人松弛精神、怡情养性的场所。主要面向寻求放松、约会的客人，所以座位会很舒适，灯光柔和，音响音量较小，环境温馨幽雅。除酒品外供应的饮料以软饮为主，咖啡是其所售饮品中的一个大项。

（5）俱乐部、沙龙型酒吧

由具有相同兴趣爱好、职业背景、社会背景的人组成的松散型社会团体，会在某一特定酒吧定期聚会，谈论共同感兴趣的话题、交换意见及看法，同时有饮品供应。比如在城市中可看到的"企业家俱乐部""股票沙龙""艺术家俱乐部""单身俱乐部"等。

2. 根据经营形式分类

（1）附属经营酒吧

①娱乐中心酒吧：附属于某一大型娱乐中心，客人在娱乐之余为增兴，往往会到酒吧饮一杯酒。此类酒吧往往提供酒精含量低及不含酒精的饮品，属增兴服务场所。

②饭店酒吧：为旅游住店客人特设，也接纳当地客人。

（2）独立经营酒吧

单独设立，经营品种较为全面，服务设施等上档次，间或有娱乐项目，交通方便，常吸引大量客人。

①市中心酒吧：顾名思义地点在市中心，一般其设施和服务趋于全面，常年营业，客人逗留时间较长，消费也较多。因地处市中心，此类酒吧竞争压力很大。

②交通终点酒吧：设在机场、火车站、港口等旅客中转地，纯粹是为旅客消磨等候时间，休息放松设置经营的酒吧。客人一般逗留时间较短，消费量较少，但周转率很高。一般此类吧经营品种较少，服务设施比较简单。

③旅游地酒吧：设在海滨、森林、温泉、湖畔等风景旅游地，供游人在玩乐之后放松。一般都有舞池、卡拉 OK 等娱乐设施，但所经营的饮料品种较少。

3. 根据服务方式分类

（1）立式酒吧

立式酒吧是传统意义上的典型酒吧，即客人不需服务人员服务，一般自己直接到吧台上喝饮料。"立式"并非指宾客必须站立饮酒，也不是指调酒师或服务员站立服务，它只是一种传统习惯称呼。

在这种酒吧里，有相当一部分客人是坐在吧台前的高脚椅上饮酒，而调酒师则站在吧台里边，面对宾客进行操作。因调酒师始终处在与宾客的直接接触中，所以也要求调酒师始终保持整洁的仪表，谦和有礼的态度，当然还必须掌握熟练的调酒技术来吸引客人。传统意义上立式酒吧的调酒师，一般都单独工作，因为不仅要负责酒类及饮料的调制，还要负责收款工作，同时必须掌握整个酒吧的营业情况，所以立式酒吧也是以调酒师为中心的酒吧。

（2）服务酒吧

服务酒吧多见于娱乐型酒吧、休闲型酒吧和餐饮酒吧。顾名思义，它是指宾客不直接在吧台上享用饮料，而通常是通过服务员提供饮料服务，调酒师在一般情况下不和客人接触。

服务酒吧为餐厅就餐宾客服务，因而佐餐酒的销售量比其他类型酒吧要大得多。不同类型服务酒吧供应的饮料略有差别，销售情况区别也较大。同时，服务酒吧布局一般为直线封闭型，区别于立式酒吧，调酒师必须与服务员合作，按开出的酒单配酒及提供各种酒类饮料,由服务员收款,所以它是以服务员为中心的酒吧。

①鸡尾酒廊:属服务酒吧类,通常位于饭店门厅附近,或是门厅延伸部位、或是利用门厅周围的空间,一般没有墙壁将其与门厅隔断,同时鸡尾酒廊一般比立式酒吧宽敞,常有钢琴手、竖琴手或小乐队为宾客表演,有的还有小舞池,供宾客随兴起舞。

②宴会、冷餐会、酒会等提供饮料服务的酒吧:客人多采用站立式,不提供座位,其服务方式既可统一付款,也可由客人为自己所喝的饮料单独付款。宴会酒吧的业务特点是营业时间较短,宾客集中,营业量大,服务速度要求相对快,基本要求是酒吧服务员每小时能服务100人左右的宾客,因而服务员必须头脑清醒,工作有条理,具有应付大批宾客的能力。

(二)吧台结构设计

1.吧台设计要求

(1)视觉效果醒目。吧台是整个酒吧的中心。当客人迈向酒吧之时,便要能看到吧台的位置,感觉到吧台的存在,因而吧台应设置在最显眼的位置上,如进门处、正对门处等。

(2)要方便服务客人。即吧台设计要使酒吧中任一位置的客人都能得到快捷的服务,同时也便于服务人员的服务活动。

(3)空间布置要合理。既要多容纳客人,又要使客人不感到拥挤和杂乱无章,同时还要满足目标客人对环境的特殊要求。同样大小的空间,其形状不同,布置方式不同,客人的感觉也会有所不同。

2.吧台设计的主要形式

直线形、U形和中心吧台是目前最基本的三种吧台设计形式。(见图2-1-1)

(1)直线形吧台。直线形吧台在设计上比较简单,常见的是两端封闭的直线型,吧台的长度不固定,吧台可设置在服务区内,也可以与后吧相通。

直线形吧台的优点是调酒师和酒吧服务员不会背对着客人,同时可以随时观察服务区客人的动向,保持有效的控制,对客人也是一种尊重。缺点是如果吧台太长,服务人员数量就要增加。

(2)U形吧台。U形吧台是另一种形式的吧台,吧台呈马蹄形。设计上吧台可以与整体服务区协调起来,统一格调,将吧台与一面墙设计在一起。U形吧台的中间,设置有用于储藏和操作的工作柜及冰箱。U形酒吧的优点在于,可以在吧台上容纳更多的客人,调酒师有更多的空间和客人交流。

(3)中心吧台。中心吧台实际上是一种环形设计的吧台,或称中空形吧台。吧台的中间通常有一个"小岛"陈列酒类和储存物品。中心吧台的优点在于能够充分展示酒类,也能为客人提供较大的空间。许多超大型酒吧都乐意采用这样的设计。缺点在于服务难度较大,要求服务员能充分照顾到整体服务区域。

吧台的形式多种多样,除了上述三种基本形式外,还有半圆形、椭圆形、波浪形等。

3.吧台的结构

(1)吧台要包括前吧、操作台(中心吧)及后吧三部分。

(2)吧台高度按照西方标准为 42～46 英寸,即 1.07～1.17m,但这种高度标准,应随调酒师的平均身高而定,如日本酒吧吧台会设计得略矮。所以,正确的计算方法为:吧台高度 = 调酒师平均身高 ×0.618。

(3)吧台宽度按西方标准应为 16～18 英寸,即 41～46cm。另外,应外延一部分,即顾客坐在吧台前时放置手臂的地方,外加 8 英寸,约 20cm,其厚度通常为 4～5cm。外沿常以厚实皮革包裹或以钢管装饰。同时配有 80～90cm 高的吧凳,吧台下面的搁脚杆会使客人感到格外舒适和愉快。

(4)前吧下方的操作台,高度约为 30 英寸,约 76cm,但也并非一成不变,应根据调酒师身高而定。一般操作台应在调酒师手腕处,这样比较省力。其宽度为 18 英寸,约 46cm,操作台应以不锈钢制造以便清洗消毒。

(5)后吧高度通常为 1.75m 以上,但顶部不可高于调酒师伸手可及处。下层一般为 1.10m 左右,或与吧台(前吧)等高。后吧实际上起着贮藏、陈列的作用。后吧上层的橱柜通常陈列酒具、酒杯及各种瓶装酒,一般多为配制混合饮料的各种烈酒;下层橱柜一般设计为两层,上面存放红葡萄酒及其他酒吧用品,下面一层为冷藏柜,可以作冷藏白葡萄酒、啤酒以及各种水果原料之用。

(6)前吧至吧台的距离,即服务员的工作走道,一般为 1m 左右,且不可有其他设备向走道突出,走道的地面应铺设塑料或木头条架,或铺设橡胶垫板,以减少服务员长时间站立而产生的疲劳。服务酒吧中服务员走道应相应增宽,有的可达 3m 左右。因为餐厅有宴会业务,饮料、酒水供应量变化较大,而较宽余的走道便于在供应量较大时堆放各种酒类、饮料、原料。

三、实训项目

以小组为单位,设计不同类型的吧台平面图,内含前吧、中心吧和后吧三部分。

 课后练习

1.酒吧可以分为哪些类别?

2.酒吧设计主要有哪些形式?

酒单策划与设计

学习目标

1. 酒单制作依据及技巧
2. 酒店定价原则及方法

任务一　酒单制作依据及技巧

一、任务描述

- 熟悉酒单制作依据
- 掌握酒单制作技巧

二、相关知识

（一）酒单制作依据

1. 目标客人的需求及消费能力

任何企业,不论其规模、类型和等级,都不可能具备同时满足所有消费者需求的能力和条件,企业必须选择一群或数群具有相似消费特点的客人作为目标市场,以便更好、更有效地满足这些特定客群的需求,从而达到有效吸引客群、提高盈利的目的,酒吧也一样。

例如:有的酒吧以吸引高消费的客人为主,有的酒吧以接待工薪阶层、大众消费为主;有的酒吧以娱乐为主,吸引寻求发泄、刺激的客人;有的酒吧以休息为主;有的酒吧办成俱乐部形式,明确地确定了其目标客人;度假式酒吧的目标客人是度假旅游者,车站、码头、机场酒吧的目标客人是来往客人,市中心酒吧的目标客人为本市及当地的企业和个人。而不同客群的消费特征是不同的,这便是制订酒单的基本依据。

尽管企业选定的目标市场都由具有相似消费特点的客人组成,但其中不同的个人往往有着不同的消费心理需求,如有的关心饮品的口感,有的关心价格,有的关心酒吧的环境,有的人注重所享受的服务,有的则注重消费的便利性等。总之,只有在及时、细致地调查了解和深入分析目标市场各种特点和需求的基础上,酒吧才能有目的地在饮品品种、规格水准、价格、调制方式等方面进行计划和调整,从而设计出为客人所乐于接受和享用的酒单内容。

2. 原料的供应情况

凡列入酒单的饮品、水果拼盘、佐酒小吃,酒吧必须保证供应,这是一条相当重要的餐饮经营原则。某些酒吧的酒单上虽然丰富多彩、包罗万象,但在客人需要时却常常得到这没有那也没有的回答,导致客人的失望和不满,以及对酒吧经营管理的可信度的怀疑,直接影响到酒吧的信誉度。而这通常是原料供应不足所致,所以在设计酒单时就必须充分掌握各种原料的供应情况。

3. 调酒师的技术水平及酒吧设施

调酒师的技术水平及酒吧设施在相当程度上也限制了酒单的种类和规格,如调酒师在水果拼盘方面技术较差,而在酒单上列出大量造型时髦的水果拼盘,只会在客人面前暴露酒吧的缺点并引起客人的不满。另外,酒单上各类品种之间的数量比例应该合理,易于提供的纯饮类与混合配制饮品应搭配合理。

4. 酒吧产品销售的季节性

酒单制作也应考虑不同季节,客人对饮品的不同要求,如:冬季客人都消费热饮,则酒单品种应作相应调整,大量供应如热咖啡、热奶、热茶等品种,甚至为客人温酒;夏季则应以冷饮为主,供应冰咖啡、冰奶、冰茶、冰果汁等。这样才能符合客人的消费需求,使酒吧有效地销售其产品。

5. 成本与价格

饮品作为一种商品是为销售而配制的,所以其销售应考虑该饮品的成本与价格。成本与价格太高,客人不易接受,该饮品就缺乏市场;如压低价格,影响毛利,又可能亏损。因此在制订酒单时,必须考虑成本与价格因素。

6. 销售记录及销售史

酒单的制作不能一成不变,应随客人的消费需求及酒吧销售情况的变化而改变,即动态地制作酒单。如果目标客人对混合饮料的消费量大,就应扩大此类饮料的种类。

(二)酒单制作技巧

酒单的制作是一项技巧与艺术相结合的工作,应综合考虑以下因素。

1. 酒单的样式应多样化

一个好的酒单设计,要给人秀外慧中的感觉。酒单形式、颜色等都要和酒吧的水准、气氛相适应,所以,酒单的形式应不拘一格。酒单的形式可采用桌单、手单及悬挂式酒单三种。从样式看,可采用长方形、圆形,或类似圆形的心形、椭圆形等样式。

（1）桌单

桌单是将配有画面、照片等的酒单折成三角或立体的形态,立于桌面,每桌固定一份,客人一坐下便可自由阅览。这种酒单多用于以娱乐为主及吧台小、品种少的酒吧,简明扼要,立意突出。

（2）手单

手单最常见,常用于经营品种多、大吧台的酒吧。客人入座后再递上印制精美的酒单。手单中,活页式酒单也是可采用的,活页式酒单便于更换。如果调整品种、价格、撤换页面等,用活页酒单就方便多了,也可将季节性品种采用活页,定活结合,给人以方便灵活的感觉。

（3）悬挂式酒单

也可采用悬挂式酒单,一般吊挂或张贴在门庭处,配以醒目的彩色线条、花边,具有美化及广告宣传的双重效果。

2. 酒单的广告和推销效果

酒单不仅是酒吧与客人间沟通的工具,还应具有广告宣传效果。令客人满意,客人不仅是酒吧的服务对象,也是义务推销员。有的酒吧在其酒单扉页上除印制精美的色彩及图案外,还配以用词优美的小诗或特殊的祝福语,透露出浪漫的文化气息。同时,加深酒吧的经营立意,并拉近与客人间的心灵距离。

除此之外,酒单上也应印有酒吧的简介、地址、电话号码、服务内容、营业时间、业务联系人等,以增加客人对酒吧的了解,发挥广告宣传作用。

（三）酒单设计应注意事项

1. 规格和字体

酒单封面与里层图案均要精美,且必须适合于酒吧的经营风格,封面通常印有酒吧的名称和标志。酒单尺寸的大小要与酒吧销售饮料品种的多少相适应。

酒单上各类品种一般用中英文对照,以阿拉伯数字排列编号和标明价格。字体印刷端正,使客人在酒吧的光线下容易看清。酒类品种的标题字体与其他字体应有所区别,既美观又突出。

2. 用纸选择

一般来说,从耐久性和美观性方面考虑,酒单的印制应使用重磅的铜版纸或特种纸。纸张要求厚并具有防水、防污的特点。纸张的颜色有纯白、柔和素淡、浓艳重彩之分。通过不同色纸的使用,使酒单增添不同色彩、渲染气氛。此外,纸张可以用不同的方法折叠成不同形状,除了可切割成最常见的正方形或长方形外,还可以特别设计成各种特殊的形状,让酒单设计更富有趣味性和艺术性。

3.色彩运用

色彩设计,需根据成本和经营者所希望产生的效果来决定用色的多少。颜色种类越多,印刷的成本就越高。单色酒单成本最低,所以不宜用过多的颜色,通常用四色就能得到色谱中所有的颜色。

酒单设计中如使用两色,最简便的办法是将类别标题印成彩色,如红色、蓝色、棕色、绿色或金色,具体商品名称用黑色印刷。

4.其他事项

设计酒单时还应注意以下问题:

(1)排列

一般是将受客人欢迎的商品或酒吧计划重点推销的酒品放在前几项或后几项,即酒单的首尾位置及某种类的首尾位置。

(2)更换

酒单的品名、数量、价格等需要随时更换,不能随意涂去原来的项目或价格换成新的项目或价格。如随意涂改,一方面会破坏酒单的整体美;另一方面会给客人造成错觉,认为酒吧经营存在猫腻,影响酒吧的信誉。所以,如果更换,必须整体更换酒单,或从酒单设计伊始就将可能会更换的项目罗列在活页上。目前很多酒店采用了高科技产品的酒单,来满足不断更新项目的经营需求,如以 iPad 作为载体呈现酒单,富有新鲜感,查询酒品简便快捷,真实直观。如图 2-2-1 所示。

图 2-2-1　IPAD 酒单(杭州黄龙饭店提供)

(3)表里一致

筹划设计酒单关键是要"内外兼修",即表里一致,而不能只做表面文章,"金玉其外,败絮其中"。

任务二　酒单定价原则及方法

一、任务描述

- 了解酒单定价原则
- 熟悉酒单定价方法

二、相关知识

（一）酒单定价原则

1.价格反映产品价值的原则

酒单上饮品的价格是以其价值为主要依据制定的。但档次高的酒吧,其定价高些,因为酒吧的各项费用高;地理位置好的酒吧比地理位置差的酒吧,店租更高,故而其价格也可以略高一些;等等。

2.适应市场供需规律的原则

就一般市场供需规律而言,价格围绕价值的运动,是在价格、需求和供给之间的相互调节中实现的。

3.综合考虑酒吧内外部因素的原则

(1)酒吧内部因素。包括酒吧经营目标和价格目标、酒吧投资回收期以及预期效益等。

(2)酒吧外部因素。要考虑经济趋势、法律法规、竞争程度及竞争对手定价状况、客人的消费观念等。

（二）酒单定价方法

酒吧酒单定价方法一般采用以成本为基础的定价,具体如下。

1.原料成本系数定价法

原料成本系数定价法,首先要算出每份饮品的原料成本,然后根据成本率计算售价。

售价 = 原料成本/成本率

原料成本系数定价法公式如下:

售价 = 原料成本 × 成本系数

以该法定价需要两个关键数据:一是原料成本;二是饮品成本率。透过成本率马上可算出成本系数。原料成本数据由饮品实际调制过程中的原料使用情况合计得出,它在标准酒谱上以每份饮料的标准成本列出。

例:已知一杯啤酒的成本为 10 元,计划成本率为 40%,即成本系数为 2.5,则其售价应为:

$10 \times 2.5 = 25$(元)

2. 毛利率法

销售价格 = 成本/(1 - 毛利率)

毛利率是根据经验或经营要求决定的,故也称计划毛利率。例:1 盎司的威士忌成本为 10 元,如计划毛利率为 80 % ,则其销售价为:

$10/(1 - 80\%) = 50$(元)

(三)酒单制作内容

酒单的内容主要由名称、数量、价格及描述四部分组成。

1. 名称

名称必须通俗易懂,冷僻、怪异的字尽量不要用。命名时可按饮品的原材料、配料、调制出来的饮品形态命名,也可以按饮品的口感冠以幽默的名称,还可针对客人搜奇猎异的心理,抓住饮品的特色加以夸张等。

2. 数量

有关每份饮品的数量,应给客人一个明确的说明。是一盎司,还是一杯,一杯有多大的容量。客人对信息不明确的酒水品种总是抱着怀疑及抵触的心态。所以不如大大方方地告诉客人,让客人在消费决策时充分比较,并提出意见建议(见表 2 - 2 - 2)。

表 2 - 2 - 2 酒水单

白兰地	Brandy	by oz(盎司)	by bottle(瓶)
马爹利	Martell	40 元	788 元
轩尼诗 vsop	Hennessy	30 元	688 元
......			

3. 价格

在酒单中,各类品种必须明确标价,让客人做到心中有数,自由选择。

4. 描述

对某些新推出或新引进的饮品应给客人以明确的描述,使客人了解其配料、口味、做法及饮用方法。针对一些特色饮品可配彩照,以增加真实感。

三、实训项目

以小组为单位,设计一份酒水单(形式不限),内容包括酒水名称、数量、价格、描述几部分,定价以毛利率60%来计算。

 课后练习

1.简述酒单的设计原则。

2.考察你所在地区的一家酒吧,分析其酒单设计的思路及特色。

酒吧基本调酒用具及设备

1. 酒吧基本调酒用具相关知识
2. 酒吧主要设备及设施相关知识

任务一　认识酒吧基本调酒用具

一、任务描述

- 熟悉酒吧基本调酒用具
- 熟悉酒吧基本服务用具

二、相关知识

（一）酒吧基本调酒用具

酒吧基本调酒用具如图 2 - 3 - 1 所示。

1. 英式调酒壶 Shaker

2. 波士顿调酒壶 Boston shaker
（在美式调酒表演中使用较多）

3. 吧勺和调酒杯
Bar – spoon & Mixing – glass

4. 滤冰器 Strainer
（盖在调酒杯的上面，分离酒液和冰块）

5. 量酒器 Jigger
（分为：$1\frac{1}{2}$ 盎司、$\frac{1}{3}$ 盎司、$\frac{1}{2}$ 盎司、2 盎司）

6. 水果榨汁器 Juice – squeezer

7. 吧刀\砧板
Bar – knife/cutting – board

8. 冰桶
Wine Cooler & Ice Bucket

图 2 - 3 - 1 基本调酒用具

（二）酒吧主要服务工具（见图 2 – 3 – 2）

1. 椒、盐盅 Salt & Pepper Shaker

2. 糖盅 Sugar – bowl\奶盅 Milk – jar

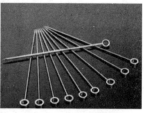

3. 鸡尾酒签 Cocktail Pick

4. 吸管 Drinking – straw

5. 杯垫 Coaster

6. 瓶嘴 Pourer
（多用于低糖分的酒水）

7. 冰锤 Muddle

8. 酒吧纸巾 Cocktail – napkin

9. 烟缸 Ashtray

图 2 – 3 – 2　酒吧主要服务工具

任务二　认识酒吧主要设备及设施

一、任务描述

- 熟悉酒吧主要设备
- 熟悉酒吧主要载杯

二、相关知识

(一)酒吧主要设备(见图2-3-3)

1.温咖啡器 Coffee warmer

2.冰酒器 Wine - cooler

3.吧枪 Bar - gun

4.咖啡机 Coffee - machine

5.洗涤槽 Hand Sink

6.滴净板 Drain Board

7.电冰箱 Refrigerator

8.制冰机 Ice Machine

图2-3-3 酒吧主要设备

（二）酒吧主要调酒载杯（见图 2 - 3 - 4）

1. 鸡尾酒杯 Cocktail Glass

2. 玛格丽特 Margarita Glass

3. 古典杯/岩石杯
Old - Fashioned/Rock Glass

4. 葡萄酒杯 Wine Glass
红葡萄酒杯（左）Red Wine Glass
白葡萄酒杯（右）White Wine Glass

5. 香槟郁金香杯
Champagne tulip Glass

6. 香槟浅碟杯
Champagne saucer Glass

7. 香槟笛型杯 Champagne flute Glass

8. 白兰地杯 Brandy Glass

9. 爱尔兰咖啡杯 Irish - coffee Glass

10. 柯林杯/高球杯/果汁杯 Collins & Highball & Juice Glass
柯林杯（左）：主要盛放 collins 酒；高球杯（中）：主要服务软
饮、可乐等；果汁杯（右）：主要盛放果汁，不能加冰

11. 子弹杯 Shooter Glass

12. 啤酒杯 Beer Glass /Pilsner

13. 扎啤杯 Beer mug

图 2 - 3 - 4　酒吧主要调酒载杯

三、实训项目

以小组为单位,使用画图记忆法记忆调酒用的各种载杯,并标上中英文名称。

 课后练习

1. 美式调酒工具与英式调酒工具有哪些区别?
2. 酒吧常用的服务用具有哪些? 用英语如何表述?

 知识拓展

中国最值得推荐的酒吧街

外出旅游,喜欢酒吧文化的爱好者,一定要走访当地最著名的酒吧一条街,体验一下当地的酒吧氛围。中国有许多酒吧街风格迥异,值得推荐。

1. 北京:三里屯和后海酒吧街

三里屯酒吧街位于北京市朝阳区,是北京夜生活最"繁华"的娱乐街之一,是外国友人及国内名流大款经常光顾的时尚之地。喜欢文艺清新范儿的酒吧,便可到后海和南锣鼓巷胡同那里去找找,兴许会有不同的感受。

2. 上海:新天地酒吧街

上海是外国人最喜欢的中国城市之一,最有历史风韵的酒吧当属新天地酒吧。新天地以上海近代建筑石库门旧区为基础,融合了现代文娱中心的元素,海派文化味儿十足。

3. 香港:兰桂坊酒吧街

香港最有名的酒吧街非兰桂坊莫属。这条名字取自"兰桂腾芳"的酒吧街原本是指香港中环区的一条呈 L 形的上坡小径,后经扩建成为如今各大城市争相模仿的酒吧街。兰桂坊多数的酒吧从中午营业到凌晨一点或更晚,汇集了英式及澳式等不同文化特色的小店。

4. 广州:白鹅潭酒吧街

广州有名的酒吧街也不少,比如沿江路、环市路和海珠广场等。而位于芳村长堤路的白鹅潭风情酒吧街背倚珠江白鹅潭,欧陆风情贯穿房屋、景致等各种配套设施的设计中。

除了这些大城市酒吧街外,中国许多美丽的旅游城市也集中了有特色的酒吧街,如杭州南山路酒吧街、丽江/大理酒吧街、阳朔西街酒吧街等。

(资料来源:网易旅游)

模块三　酒吧服务

酒精饮料服务程序

1. 发酵酒服务程序及标准
2. 蒸馏酒服务程序及标准

任务一　发酵酒服务程序及标准

一、任务描述

- 掌握啤酒服务程序及标准
- 掌握葡萄酒服务程序及标准

二、相关知识

（一）啤酒服务的工作程序与标准

程序	标准
1. 推销及建议	①须熟练掌握各种啤酒知识,在客人订啤酒时,介绍本餐厅提供的中外啤酒及特点,并询问客人是需要冰镇啤酒还是常温啤酒; ②客人订完啤酒后,须立即到吧台取酒,不准超过5分钟; ③准备一块叠成12厘米见方的洁净口布。
2. 啤酒的展示	左手掌心放置叠成12厘米见方的口布,将啤酒瓶底放在口布上,右手扶住酒瓶上端,并呈45度角倾斜,酒瓶上的商标须朝向主人,为主人展示所点的啤酒。

续表

程序	标准
3.啤酒的服务	①用托盘拿回啤酒,并依据先宾后主、女士优先的原则,为客人服务啤酒; ②提供啤酒服务时,服务员须站在客人右侧,左手托盘,右手拿起客人所订的啤酒,从客人的右侧,将啤酒轻轻倒入饮料杯中,须使啤酒沿杯壁慢慢流入杯中,以减少酒沫,不准将啤酒溢出杯外; ③倒酒时,酒瓶商标须面对客人,瓶口不准接触杯口,以免有碍卫生及发出声响; ④如瓶中啤酒未倒完,须把酒瓶商标面向客人,摆放在饮料杯右侧,间距2厘米。
4.啤酒的添加	①随时为客人添加啤酒; ②当客人杯中啤酒仅剩1/3时,服务员须主动询问客人是否需要再添加;如客人不再加酒,须及时将倒空的酒瓶撤下台面。

(二)葡萄酒服务程序及标准

1.白葡萄酒服务的工作程序与标准

程序	标准
1.准备工作	①客人订完白葡萄酒后,须立即到吧台取酒,不准超过5分钟; ②须在冰桶中放入1/3冰桶的冰块,再放入1/2冰桶的水后,将冰桶放在冰桶架上,并配有一条叠成8厘米宽的条状口布; ③将白葡萄酒放入冰桶中,商标须向上; ④在客人的饮料杯右侧摆放白葡萄酒杯,间距1厘米,酒杯须洁净、无缺口、无破损。
2.白葡萄酒的展示	①将准备好的冰桶架、冰桶、白葡萄酒、口布条一次性拿到主人座位的右侧; ②左手持口布,右手持葡萄酒,将酒瓶底部放在条状口布的中间部位,再将条状口布两端拉起至酒瓶商标以上部位,并使商标全部露出; ③右手持用口布包好的酒,左手四个指尖轻托住酒瓶底部,送至主人面前,请主人看酒的商标,并询问主人是否可以开启。
3.白葡萄酒的开启	①得到主人允许后,将白葡萄酒放回冰桶中,左手扶住酒瓶,右手用开酒刀割开铅封,并用一块洁净的口布将瓶口擦干净; ②将酒钻垂直钻入木塞,注意不准旋转酒瓶,待酒钻完全钻入木塞后,轻轻拔出木塞,木塞出瓶时不准有声音。

续表

程序	标准
4. 白葡萄酒的服务	①服务员须右手持条状口布包好酒,商标朝向客人,从主人右侧倒入主人杯中1/5的白葡萄酒,请主人品酒; ②主人认可后,按照先宾后主、女士优先的原则依次为客人倒酒,倒酒时须站在客人的右侧,将白葡萄酒倒至杯中2/3处即可; ③每倒完一杯酒须将酒瓶按顺时针方向轻轻转一下,避免瓶口的酒滴落在台面上;倒酒时,酒瓶商标须面向客人,瓶口不准接触杯口,以免有碍卫生及发出声响; ④倒完酒后,将白葡萄酒放回冰桶内,商标须向上。
5. 白葡萄酒的添加	①随时为客人添加白葡萄酒; ②当整瓶酒将倒完时,须询问主人是否再加一瓶,如主人不再加酒,即观察客人,待客人喝完后,立即将空杯撤掉; ③如主人同意再添加一瓶,服务程序与标准同上。

2. 红葡萄酒服务的工作程序与标准

程序	标准
1. 准备工作	①客人订完红葡萄酒后,须立即到吧台取酒,不准超过5分钟; ②准备好酒篮,将一块洁净的口布铺在酒篮中; ③将红葡萄酒放在酒篮中,商标须向上; ④在客人的饮料杯右侧摆放红葡萄酒杯,间距1厘米,酒杯须洁净、无缺口、无破损。
2. 红葡萄酒的展示	①服务员须右手拿起装有红葡萄酒的酒篮,走到主人座位的右侧,向客人展示红葡萄酒; ②服务员须右手拿酒篮上端,左手轻轻托住酒篮的底部,呈45度角倾斜,商标向上,请主人看清酒的商标,并询问客人是否可以开启。
3. 红葡萄酒的开启	①得到主人的允许后,将红葡萄酒立于酒篮中,左手扶住酒瓶,右手用开酒刀割开铅封,并用一块洁净的口布将瓶口擦净; ②将酒钻垂直钻入木塞,注意不准旋转酒瓶,待酒钻完全钻入木塞后,轻轻拔出木塞,木塞出瓶时不准有声音。 注:在请客人品酒时,应先将酒塞放入小碟呈给客人,请客人检查软木塞有无干裂或发霉,从而影响酒的质量。

续表

程序	标准
4.红葡萄酒的服务	①服务员将打开的红葡萄酒放回酒篮,商标须向上,同时用右手拿起酒篮,从主人右侧倒入主人红葡萄酒杯中1/5处,请主人品酒; ②主人认可后,开始按先宾后主、女士优先的原则,依次为客人倒酒,倒酒时须站在客人的右侧,倒入客人杯中的3/5处即可; ③每倒完一杯酒须轻轻转一下酒篮,避免酒滴在桌布上;倒酒时,酒瓶商标须面向客人,瓶口不准接触杯口,以免有碍卫生及发出声响; ④倒完酒后,把酒篮放在主人餐具的右侧,注意不准将瓶口对着客人。
5.红葡萄酒的添加	①随时为客人添加红葡萄酒; ②当整瓶酒将倒完时,须询问主人是否再加一瓶,如果主人不再加酒,即观察客人,待客人喝完酒后,立即撤掉空杯; ③如主人同意再添加一瓶,服务程序与标准同上。

3.香槟酒服务的工作程序与标准

程序	标准
1.准备工作	①准备好冰桶,冰桶须洁净、无杂物,在冰桶内添加适量的冰块; ②准备一条洁净的口布; ③将香槟酒从吧台取出,擦拭洁净,并放置于冰桶内冰冻; ④将酒连同冰桶和冰桶架一起放于客人桌旁不影响正常服务的位置处。
2.香槟酒的展示	①将香槟酒从冰桶内抽出,走到主人座位的右侧,向客人展示香槟酒; ②左手持口布,右手持香槟酒,将酒瓶底部放在条状口布的中间部位,再将条状口布两端拉起至酒瓶商标以上部位,并使商标全部露出; ③右手持用口布包好的酒,用左手四个指尖轻托住酒瓶底部,送至主人面前,请主人看酒的商标,并询问主人是否可以开启。
3.香槟酒的开启	①得到主人允许后,用酒刀将瓶口处的锡纸割开去除,左手握住瓶颈,同时用拇指压住瓶塞,右手将捆扎瓶塞的铁丝拧开、取下; ②用洁净口布包住瓶塞的顶部,左手依旧握住瓶颈,右手握住瓶塞,双手同时反方向转动并缓慢地上提瓶塞,直至瓶内气体将瓶塞完全顶出; ③开瓶时动作不宜过猛,以免发出过大的声音而影响客人。

续表

程序	标准
4. 香槟酒的服务	①用洁净的口布将瓶身上的水迹擦拭掉,将酒瓶用口布包住; ②须用右手拇指抠住瓶底,其余四指分开,托瓶身; ③向主人杯中注入杯量 1/5 的酒,并四指并拢、手心向上用手示意、告知客人:"请您品尝"; ④待主人品完认可后,服务员须征求意见,是否可以立即斟酒。
5. 斟酒服务	①斟酒时服务员右手持瓶,从客人右侧按先宾后主、女士优先的原则顺时针方向进行; ②斟倒的酒量为杯量的 2/3; ③倒酒时,酒的商标须始终面向客人,且瓶口不准接触杯口,以免有碍卫生及发出声响; ④为所有的客人斟完酒后,将酒瓶放回冰桶内冰冻。
6. 香槟酒的添加	①随时为客人添加香槟酒; ②当整瓶酒将要倒完时,须询问主人是否再加一瓶,如主人不再加酒,即观察客人,待其喝完酒后,立即将空杯撤掉; ③如主人同意再添加一瓶,服务程序与标准同上。

三、实训项目

1.4~6 人为一组,分别扮演客人与酒吧服务生,进行红、白葡萄酒的服务过程训练。

2.4~6 人为一组,分别扮演客人与酒吧服务生,进行香槟酒的服务过程训练。

任务二 蒸馏酒服务程序及标准

一、任务描述

- 掌握白兰地酒的服务程序及标准
- 掌握威士忌酒的服务程序及标准

二、相关知识

（一）白兰地酒的服务程序及标准

程序	标准
1. 准备工作	银托盘一个,用清洁、无皱褶白色口布铺好。准备白兰地杯、水杯若干(视就餐人数而定)。
2. 白兰地酒的展示	①让客人确认白兰地的品牌、级别。 (你好,先生/小姐/女士,这是您点的×××白兰地,请您过目确认。) 注:左手托住瓶底,右手托住瓶颈,左手在前略微向下,右手在后略微抬起,成45度角向客人展示。展示时采用蹲姿服务,双手捧着酒瓶递送到主客面前。 ②客人表示认可后,需要对客人进行询问。 (先生/小姐/女士,现在可以打开吗? 请问您希望怎么饮用? 是纯饮,还是勾兑饮料?)
3. 白兰地酒的开启	①开口把塑封盖拉开,顺线去掉塑封盖。 ②开软木塞或瓶盖。
4. 白兰地酒的服务	①纯饮 　把酒倒入分酒器内2/3处,斟酒前询问客人是否需要加冰块。如客人需要,则先在客人杯内放入3块冰块后,再将酒为客人分别斟入杯中,为客人斟酒时一定要使用标准的蹲姿为客人服务。斟酒量按1/3杯为标准,斟酒完毕后双手捧酒杯送至客人面前(右手拇指、食指、中指三指握住杯下方,左手平伸托住杯底部)。同时要对客人说:"请您慢用"。 ②勾兑饮料 　在进行勾兑前询问客人的口味,是浓一些还是淡一些,浓一些应以老式杯的8至9分满为标准,淡一些应以老式杯的5分满为标准,如客人有特殊要求应特殊对待,严禁以侍酒员个人的标准来为客人勾兑酒水。 　勾兑酒水时应将白兰地先倒入老式杯中,达到客人的口味标准时再倒入扎壶内,然后将饮料加入扎壶内一直加满。加满后将扎壶内已经勾兑好的酒水倒入分酒器内,以便为客人更快速地服务。为客人斟酒时一定要使用标准的蹲姿为客人服务。斟酒量按3/5杯为标准。斟酒完毕后双手捧酒杯送至客人面前,同时要对客人说:"请您慢用"。
5. 白兰地的添加	①第一次倒酒完毕后应重新斟满分酒器,并在卡座旁稍候,因为客人第一次碰杯一般都是一次喝完,等待客人喝完放下杯子后再为客人加满酒水。 ②勾兑酒水完毕后,刚刚勾兑酒水时的空饮料瓶由当台服务生负责协助收回至指定的工作站内,投入垃圾桶。

（二）威士忌酒的服务程序及标准

程序	标准
1. 准备工作	银托盘一个,用清洁、无皱褶白色口布铺好,古典老式杯若干。（视人数定）
2. 威士忌酒的展示	①让客人确认威士忌的品牌、级别。 (你好,先生/小姐/女士,这是您点的×××威士忌,请您过目确认。) 注:左手托住瓶底,右手托住瓶颈,左手在前略微向下,右手在后略微抬起,成45度角向客人展示。展示时采用蹲姿服务,双手捧着酒瓶递送到主客面前。 ②客人表示认可后,需要对客人进行询问。 (先生/小姐/女士,现在可以打开吗？请问您希望怎么饮用？是纯饮,还是勾兑饮料?)
3. 威士忌酒的开启	①去除瓶盖上的封印。 ② 打开瓶盖。
4. 威士忌酒的服务	①纯饮 　把酒倒入分酒器内2/3处,斟酒前询问客人是否需要加冰块。如客人需要,则先在客人杯内放入3块冰块后,再将酒为客人分别斟入杯中,为客人斟酒时一定要使用标准的蹲姿为客人服务。斟酒量按1/3杯为标准,斟酒完毕后双手捧酒杯送至客人面前(右手拇指、食指、中指三指握住杯下方,左手平伸托住杯底部),同时要对客人说:"请您慢用"。 注:将酒倒入分酒器时,酒标向上,一手托着瓶底,一手托住瓶颈,以保持平衡。 ②勾兑饮料 　在进行勾兑前询问客人的口味,是浓一些还是淡一些,浓一些应以杯的8至9分满为标准,淡一些应以杯的5分满为标准,如客人有特殊要求应特殊对待,严禁以侍酒员个人的标准来为客人勾兑酒水。 　勾兑酒水时应将威士忌先倒入杯中,达到客人的口味标准时再倒入扎壶内,然后将饮料加入扎壶内一直加满。加满后将扎壶内已经勾兑好的酒水倒入分酒器内,以便为客人更快速地服务。
5. 威士忌的添加	①第一次倒酒完毕后应重新斟满分酒器,并在卡座旁稍候,因为客人第一次碰杯一般都是一次喝完,等待客人喝完放下杯子后再为客人加满酒水。 ②勾兑酒水完毕后,刚刚勾兑酒水时的空饮料瓶当台服务生负责协助收回至指定的工作站内,投入垃圾桶。

三、实训项目

1.4～6人为一组,分别扮演客人与酒吧服务生,进行威士忌的服务流程及标准训练。

2.4～6人为一组,分别扮演客人与酒吧服务生,进行白兰地的服务流程及标准训练。

 课后练习

1.描述啤酒服务的标准流程。

2.描述红葡萄酒、白葡萄酒服务的标准流程。

3.描述白兰地酒服务的标准流程。

4.描述威士忌酒服务的标准流程。

非酒精饮料服务程序及标准

1. 咖啡服务程序及标准
2. 茶饮服务程序及标准
3. 饮料服务程序及标准

任务一　咖啡服务程序及标准

一、任务描述

- 学习普通咖啡服务程序及标准
- 了解特制咖啡服务程序及标准

二、相关知识

（一）普通咖啡制作、服务的工作程序与标准

程序	标准
1. 准备工作	①根据客人订单，在相应数量的洁净奶盅中倒入七分满的鲜奶或淡奶； ②将插满白糖、黄糖、健康糖的糖盅和奶盅放在垫有压花纸的托盘中，且托盘须洁净、无破损、无水迹、无污迹； ③准备好相应数量的咖啡杯、咖啡碟、咖啡勺，且咖啡杯、咖啡碟须洁净、无破损、无咖啡渍，咖啡勺须洁净、光洁、无水印。

续表

程序	标准
2.普通咖啡的制作	①准备好制作咖啡用的咖啡粉,且咖啡粉须新鲜、无杂质、无异味; ②先将咖啡机中盛装咖啡粉的容器取下,在容器内铺垫一张咖啡过滤纸,然后将一定量的咖啡粉倒入容器,并放回到咖啡机内; ③按下操作按钮; ④咖啡制作好后,咖啡机自动关闭。
3.服务咖啡	①服务员将酒水员制作、准备好的咖啡及准备好的咖啡器具等依次摆放在服务托盘内,且托盘须洁净、无破损、无水迹、无污迹; ②服务咖啡时,服务员须按先宾后主、女士优先的原则,从客人右侧将咖啡杯、咖啡碟、咖啡勺等器具依次摆放在客人面前的台面上,且咖啡勺把须朝向右侧;并将制作好的咖啡倒入咖啡杯中至八分满,严禁将咖啡洒在咖啡碟上,同时四指并拢、手心向上用手示意并请客人慢慢饮用。
4.添加咖啡	①当客人咖啡杯中的咖啡仅剩1/5时,服务员须主动询问客人是否再制作、添加一杯咖啡; ②如客人需要,须迅速为客人制作、添加咖啡,标准同上; ③如客人不需要再添加,待客人饮用完后,将空咖啡杯及咖啡用具等及时撤掉。
5.注意事项	①服务咖啡时,服务员不准用手触摸杯口; ②同一桌的客人使用的咖啡杯,须大小一致,配套使用; ③服务员须主动、及时征询客人,为客人制作咖啡,向其提供添加咖啡的服务。

(二)特制(冰咖啡、意大利浓缩咖啡、卡布奇诺咖啡)制作、服务的工作程序与标准

程序	标准
1.冰咖啡、意大利浓缩咖啡、卡布奇诺咖啡制作	①冰咖啡 　a.冰咖啡须使用长饮杯,根据客人订单,准备好相应数量的长饮杯,且长饮杯须洁净、无水迹、无破损; 　b.将制作好的咖啡倒至长饮杯的2/3处; 　c.将三块冰块添加到长饮杯中,使咖啡冷却; 　d.酒水员将制作、准备好的冰咖啡及咖啡器具摆放在吧台上。 ②意大利浓缩咖啡 　a.准备好制作咖啡用的咖啡豆,咖啡豆须新鲜、无杂质、无异味;

程序	标准
1. 冰咖啡、意大利浓缩咖啡、卡布奇诺咖啡制作	b. 将咖啡豆放入全自动咖啡机内； c. 服务员须根据客人订单，准备好相应数量的咖啡杯、咖啡碟、咖啡勺，并将咖啡杯放置在咖啡机下面的出水口处； d. 按动机器上的操作按钮（每一杯浓缩咖啡的全部制作过程为二十秒）； e. 酒水员将制作、准备好的意大利浓缩咖啡及咖啡器具摆放在吧台上。 ③卡布奇诺咖啡 a. 准备好制作咖啡用的咖啡豆，咖啡豆须新鲜、无杂质、无异味； b. 将咖啡豆放入全自动咖啡机内； c. 卡布奇诺(cappuccino)咖啡使用的咖啡杯为普通的咖啡杯，服务员须根据客人订单准备好相应数量的咖啡杯、咖啡碟、咖啡勺，并将咖啡杯放置在咖啡机下面的出水口处； d. 按动机器上的操作按钮（每一杯卡布奇诺咖啡的全部制作过程为二十秒）； e. 向瓷壶内倒入 1/3 牛奶，用热蒸汽管将牛奶加热直至起沫，将牛奶沫放入已制作好的咖啡杯中； f. 将少量肉桂粉均匀地撒在咖啡杯中的牛奶沫上； g. 酒水员将制作、准备好的卡布奇诺咖啡及咖啡器具摆放在吧台上。
2. 咖啡的服务	①服务员将酒水员制作、准备好的咖啡及咖啡器具等依次摆放在服务托盘内，且托盘须洁净、无破损、无水迹、无污迹； ②服务咖啡时，服务员须按先宾后主、女士优先的原则，从客人右侧将咖啡杯、咖啡碟、咖啡勺等器具依次摆放在客人面前的台面上，且咖啡勺把须朝向右侧，四指并拢、手心向上用手示意并请客人慢用； ③服务冰咖啡时，将装有冰咖啡的长饮杯放置在垫有压花纸的甜食盘上，甜食盘右侧摆放吸管，糖水和淡奶放置在台面中央。
3. 添加咖啡	①当客人咖啡杯中的咖啡仅剩 1/5 时，服务员须主动询问客人是否再添加咖啡； ②如客人同意添加，须开具饮料单为客人制作，制作标准同第 1 项； ③服务员在为客人服务第二杯咖啡时，须为客人撤换咖啡杯，再进行第二杯咖啡服务，服务标准同第 2 项； ④如客人不再添加咖啡，服务员应观察客人，待其品用完咖啡后，将空咖啡杯及咖啡用具等及时撤掉。
4. 注意事项	①服务咖啡时，服务员不准用手触摸杯口； ②同一桌的客人使用的咖啡杯，须大小一致，配套使用； ③服务员须主动、及时征询客人，为客人制作咖啡，向其提供添加咖啡的服务。

任务二　茶饮服务程序及标准

一、任务描述

- 中国茶的服务程序及标准
- 英国茶的服务程序及标准
- 冰茶的服务程序及标准

二、相关知识

(一)中国茶服务的工作程序与标准

程序	标准
1. 准备用具	使用中式茶壶、茶杯和茶盘,且茶壶、茶杯和茶盘须洁净、无茶锈、无破损、无水滴、无水迹。
2. 沏茶	①茶叶须新鲜、无杂质、无异味; ②沏一壶中国茶须放两茶勺(专用茶勺)茶叶; ③服务员须用90℃以上的沸水为客人沏茶。
3. 茶水服务	①服务员将调酒员制作、准备好的茶和茶具等依次摆放在服务托盘内,且托盘须洁净、无破损、无水迹、无污迹; ②服务员须将茶杯、茶碟、茶勺依次摆放在客人面前的吧桌台面上,且茶勺把须朝右,茶杯把须朝右且与客人平行; ③服务员服务茶水时,须按先宾后主、女士优先的原则,从客人右侧将茶水倒入杯中,茶水须倒至茶杯的4/5处,且四指并拢、手心向上用手示意并请客人慢用;为客人斟倒完茶水后,将茶壶放置在吧桌台面的中央处。
4. 注意事项	①当茶壶内茶水剩1/3时,服务员须主动上前为客人添加开水。 ②服务员服务茶水时站在客人右手边,从主宾开始斟茶,斟茶时要于骨碟上放一块茶壶垫,以免茶水滴到台布或客人身上,要双手斟茶,并且不能超过桌台中心斟茶,斟八分满即可,伸手并口头示意请客人慢用。

（二）英国茶服务的工作程序与标准

程序	标准
1. 准备用具	①茶壶须洁净、无茶锈、无破损、无水迹、无指印； ②茶杯、茶碟、茶勺须洁净、无茶锈、无破损、无水迹； ③奶盅、糖盅须洁净、无异物、无破损。奶盅内倒入 2/3 的新鲜牛奶,糖盅内放入白砂糖、蔗糖、健康糖。袋糖须无凝固、无破漏、无污迹、无水迹。
2. 准备茶水	①沏茶的水须是沸水； ②在茶壶内放入一袋无破漏、洁净的英国茶； ③沏茶时,须将沸水倒入壶中 4/5 处。
3. 茶水服务	①服务员将酒水员制作好的茶及准备好的茶具等依次摆放在服务托盘内,且托盘须洁净、无破损、无水迹、无污迹； ②服务员须将茶杯、茶碟、茶勺依次摆放在客人面前的吧桌台面上,且茶勺把须朝右,茶杯把须与客人平行；将奶盅、糖盅摆放在台面的中央处,由客人自己添加糖和牛奶； ③服务茶水时,服务员须按先宾后主、女士优先的原则,从客人右侧将茶水倒入杯中,茶水须倒至茶杯的 4/5 处,并四指并拢、手心向上,用手示意并请客人慢用；为客人斟倒完茶水后,将茶壶放置在台面的中央处； ④当茶壶内茶水剩 1/3 时,服务员须主动上前为客人添加开水。

（三）冰茶服务的工作程序与标准

程序	标准
1. 准备冰茶杯	服务员须根据客人的订单,准备好相应数量的高球杯,且高球杯须洁净、无水迹、无指印、无破损。
2. 准备茶水	①调酒员须先将四袋英国茶放入扎啤杯中,再用沸水沏茶； ②将沏好的茶水放入冰箱中冰镇,温度 2℃ ~6℃ 为宜。
3. 准备装饰物、用具	①调酒员须准备好两片柠檬,其中一片要在其边缘切开一个口； ②在奶盅中倒入 2/3 的糖水； ③准备一支吸管和一个搅棒。
4. 制作冰茶	①在高球杯中放入 3 块冰块,将茶倒入杯中 4/5 处； ②将一片柠檬放入杯中,将另一片柠檬挂在杯口,并将吸管、搅棒插入杯中； ③调酒员将制作、准备好的冰茶和器具等摆放在吧台上。

续表

程序	标准
5.服务冰茶	①服务员将调酒员制作、准备好的茶和茶具等依次摆放在服务托盘内,且托盘须洁净、无破损、无水迹、无污迹; ②服务员先在客人吧桌台面上摆放一个洁净的杯垫,店徽须面向客人;再将一杯冰茶放在杯垫上,在其右侧摆放奶盅;并将一只搅棒放在冰茶和奶盅之间。

任务三　饮料服务程序及标准

一、任务描述

- 冰水服务程序及标准
- 饮料服务程序及标准

二、相关知识

(一)冰水准备和服务的工作程序与标准

程序	标准
1.清洁用具	服务用的冰水壶、冰桶、冰夹须打磨光亮,保持洁净、无污迹、无水迹。
2.准备冰水	①开餐前十五分钟准备好冰和冰水,放在服务边柜上; ②存放冰和冰水的冰桶和冰水壶的表面须洁净。
3.服务冰水	①服务冰水时需使用托盘,且托盘须洁净、无破损、无油迹、无水迹; ②冰桶须放置在托盘左侧,冰夹卡在冰桶边缘靠服务员一侧,冰水壶放置在托盘右侧,水壶把须朝向服务员一侧; ③服务员须用右手从客人右侧按先宾后主、女士优先的原则顺时针方向服务; ④服务时动作轻缓,不准将水溅出杯外; ⑤添加冰水时,倒至离杯口约2厘米处; ⑥服务员须随时为客人添加冰水。

（二）饮料服务的工作程序与标准

程序	标准
1. 取饮料	①主人订完饮料后询问客人是否需要冰镇或常温饮料,服务员去吧台取饮料; ②在托盘中摆放饮料:根据客人的座次顺序摆放,第一客人的饮料须放在托盘远离身体的一侧,重的饮料放在托盘的里侧; ③取饮料的时间不准超过5分钟。
2. 饮料的展示	服务员将酒水车推至客人的右侧,用右手从酒水车中取出饮料,然后在左手掌心放置叠成12厘米见方的口布,将客人所点的饮料瓶底放在口布上,右手扶住饮料上端,并呈45度角倾斜,饮料的商标须朝向主人,为主人展示所点的饮料。
3. 饮料服务	①饮料取回后,左手托托盘,右手从托盘中取出饮料,按先宾后主、女士优先的原则,依次从客人右侧将饮料斟倒入客人餐具前的饮料杯中3/4处; ②斟倒饮料速度不宜过快,瓶口不准对着客人,避免可乐、啤酒等含气体的软饮料溢出或溢出的泡沫溅着客人,同时饮料的商标须面向客人;对同一桌的客人须在同一时间段内按顺序提供饮料服务; ③服务员须将所剩饮料瓶和饮料罐放在客人饮料杯的右侧,间距为2厘米,同时四指并拢、手心向上用手示意并请客人慢慢品尝。
4. 添加饮料	随时观察客人的饮料杯,当发现客人杯中饮料仅剩1/3时,须立即询问客人是否需添加,如客人同意添加,开具饮料单为客人添加饮料;如客人不再添加饮料,等客人喝完饮料后,须从客人的右侧撤走空饮料杯。

三、实训项目

1. 将全班分成几组,每人进行一杯普通咖啡的冲泡训练。

2. 将全班分成几组,每人进行一杯卡布奇诺咖啡的冲泡训练。

3. 将全班分成几组,每人进行一杯不同果汁的服务训练。

 课后练习

1. 上网查询中国茶叶主要品种冲泡服务的标准流程。

2. 上网查询各类咖啡服务的标准流程。

3. 描述矿泉水、可乐等饮料服务的标准流程。

鸡尾酒调制标准及酒会服务程序

1. 鸡尾酒调制标准
2. 鸡尾酒酒会服务程序及标准

任务一　鸡尾酒调制标准

一、任务描述

- 鸡尾酒调制步骤
- 鸡尾酒调制标准

二、相关知识

（一）鸡尾酒的调制步骤

1. 准备酒水

拿到鸡尾酒的配方后,要分析本款鸡尾酒的主要原料,进行酒品的准备。这一步骤的注意事项如下:

（1）要严格按照配方分量调制鸡尾酒。

（2）酒杯要擦干净,透明光亮。调制时手只能拿酒杯的下部。

（3）使用新鲜的冰块。

（4）对调制工具做卫生检查,尤其是摇酒器和电动搅拌机每使用一次,要清洗一次。

（5）量杯、酒吧匙要保持清洁。

（6）使用合格的酒水,不能以其他酒水随意代替或用劣质酒水。劣质的酒水饮料会完全改变酒的味道,令客人不能接受。

（7）水果装饰物要选用新鲜的水果,切好后用保鲜纸包好放入冰箱备用。隔天切的水果装饰物不能使用。

（8）不要用手去接触酒水、冰块、杯边或装饰物,操作前要洗手。

2. 传瓶

传瓶是指把酒瓶从酒柜或操作台上传至手中的过程。传瓶一般从左手传至右手或直接用右手将酒瓶传递至手掌部位。用左手拿瓶颈部位传至右手上,用右手拿住瓶的中间部位,或直接用右手提至瓶颈部位,并迅速向上抛出,准确地用手掌接住瓶体的中间部分,要求动作迅速、稳准、连贯。

3. 示瓶

将酒瓶的商标展示给宾客。用左手托住瓶底,右手扶住瓶颈,呈45度角把商标面向宾客。

4. 开瓶

用右手握住瓶身,并向外侧旋动,用左手的拇指和食指从正侧面按逆时针方向迅速将瓶盖打开,软木帽形瓶塞直接拔出,并用左手虎口即拇指和食指夹着瓶盖(塞)。

5. 量酒

开瓶后立即用左手的中指、食指、无名指夹起量杯,两臂略微抬起呈环抱状,把量杯置于敞口的调酒壶等容器的正前方4cm左右处,量杯端拿平稳,略呈一定的斜角,然后右手将酒斟入量杯至标准的分量后收瓶口,随即将量杯中的酒旋入摇酒壶等容器中,左手拇指按顺时针方向旋上瓶盖或塞上瓶塞,然后放下量杯和酒瓶。

6. 调制酒水

原料准备就绪后,开始对鸡尾酒的调制方法进行分析。不同的鸡尾酒有着不同的调制方法,酒吧常用的是英式调酒法,它是传统的鸡尾酒调制方法。英式调酒的特点是通常使用英式调酒壶、量酒器、吧勺等,按照所规定的方式进行调酒,要做到一丝不苟,体现绅士风度。同时英式调酒在鸡尾酒调制时要求尊重配方,不能随意改动,通常适合酒店酒吧服务。

常见的鸡尾酒调酒技法有四种:摇荡法、搅拌法、直接注入法、果汁机混合法。

（1）摇荡法(shake)。摇荡法是调制鸡尾酒最普遍而简易的方法。将酒类材料及配料、冰块等放入调酒壶内,用劲来回摇晃,使其充分混合即可。能去除酒的辛辣,使酒温和且入口顺畅。使用的器材有:调酒壶、量杯、酒杯。

摇荡时速度要快并有节奏感,摇至摇壶表面起霜。摇酒的方法有单手摇和双手摇两种。

①单手摇。单手摇(见图3-3-1a)的方法是:右手食指按住壶盖,用拇指、中

指、无名指夹住壶体两边,手心不与壶体接触。摇荡时,尽量以手腕用力。手臂在身体右侧自然上下摆。要求力量大、速度快、有节奏、动作连贯。

②双手摇。双手摇(见图3-1-1b)的方法是:左手中指按住壶底,拇指按住壶中间过滤盖处,其他手指自然伸开。右手拇指按住壶盖,其余手指自然伸开固定住壶身。壶盖朝向调酒师,壶底朝外,并略向上方。摇荡时,可在身体左上方或右上方。要求两臂略抬起,呈伸曲动作,手臂呈三角形,在身体的一侧摇动。

a.单手摇　　　　　　　　　　　　b.双手摇

图3-3-1　摇荡法

(2)搅拌法(stir)。是将材料倒入调酒杯中,用调酒匙充分搅拌的一种调酒法。适用于马天尼、曼哈顿等酒味较辛辣,后劲较强的鸡尾酒。

使用的器材有:调酒匙、量杯、隔冰器、酒杯,如图3-3-2所示。

a.调酒匙　　　　　b.量杯　　　　　c.隔冰器　　　　　d.酒杯

图3-3-2　搅拌法工具

注意事项如下:

①将材料用量杯量出正确分量后,倒入调酒杯中。

②以夹冰器夹取冰块少许,放入调酒杯中。

③用调酒匙在调酒杯中,前后来回搅三次,再正转两圈倒转两圈。

④移开调酒匙后加上隔冰器滤出冰块,再把酒液倒入酒杯内。有时亦可直接在酒杯中搅拌。

(3)直接注入法(build)。把材料直接注入酒杯的一种鸡尾酒制法。其做法非常简单,材料分量控制好,直接在载杯内将原料兑入载杯,不需搅拌即可。但有时也需要用酒吧匙贴紧杯壁慢慢地将酒水倒入,以便使其分层。如制作彩虹酒,就需要通过吧勺注入(见图3-3-3)。

(4)果汁机混合法(blend)。用果汁机取代摇荡法。事先准备细碎冰或刨冰,在果汁机上座倒入材料,然后加入碎冰(刨冰),开动电源混合搅动,约十秒钟左右关掉开关,等电动机停止时拿下混合杯,把酒液倒入酒杯中即可(见图3-3-4)。

图3-3-3 彩虹酒

图3-3-4 果汁机

7. 制作装饰物

标准的鸡尾酒均有规定的与之相适应的装饰物。即使其他配方相同,但装饰物不同,鸡尾酒名也会各异。但需要指出的是,并不是每款鸡尾酒都可以任意装饰,装饰物的制作要遵循一定的原则,例如色泽的搭配与载杯是否协调等。另外,有些特定的鸡尾酒款式,其装饰物还有调味效果,例如"马天尼"中的柠檬皮实际就是鸡尾酒的调味辅料。不过有些装饰物,仅局限于装饰功能,只要不影响其固有的风格,稍作改观,也是被允许的。

许多鸡尾酒的装饰物一般选用常用的水果和蔬菜进行制作,如橙类、菠萝、芹菜、橄榄、樱桃等,制作的装饰物如樱桃挂杯(red cherry on glass rim)、酒签穿小樱桃(red cherry with pick)、酒签穿橄榄(olive with pick),如图3-3-5所示。也有些鸡尾酒采用调酒棒作为装饰物,调酒棒带有各式的图案,富有装饰性。

1.樱桃挂杯

2.酒签穿小樱桃

3.酒签穿橄榄

图3-3-5 鸡尾酒装饰物

（1）橙类

①横切：将柠檬或橙子放于砧板上，用吧刀将柠檬、橙子拦腰切成两半后，切成圆片，然后整个嵌于杯口。或者将柠檬、橙子切成圆片，再将圆片切成半圆片，去除中间筋络点缀于杯缘，或用酒针与红樱桃穿在一起点缀杯中。

②竖切：将柠檬或橙子放于砧板上，用吧刀将柠檬或橙子竖切成四分之一块，将角块两头去尖后，切一嵌口。用酒签穿入樱桃后，插入柠檬中嵌于杯缘上。或者将柠檬、橙子竖切成对半，再均匀地竖切成八分之一瓣。将角瓣两头去尖后，嵌于杯口，或将果皮与果肉部分剥离，呈重叠状，皮外肉内挂于杯缘上。

③马颈式削皮法：像削苹果皮似的，用吧刀将柠檬或橙子皮削成螺旋状，将一头挂在杯缘，其余置于杯中。

④简单制作法：可以将削好的柠檬和橙子的薄片直接投入杯中。或者用酒针将柠檬、橙子角块与红樱桃穿起投入杯中。

（2）菠萝

①切成条块：选择新鲜菠萝放置于砧板上，用吧刀削掉头尾部分，竖切成四分之一，再竖切成条块。

②切成棒状：就是将切成条块的菠萝用吧刀旋转竖切成棒状，菠萝用酒针与红樱桃穿在一起，斜搭于杯口。

③切成扇形块：将菠萝切成适当厚度的扇形片，用酒针与红樱桃穿在一起。

（3）芹菜

选择新鲜芹菜洗净，用冰夹夹住芹菜秆，用吧刀切取带叶部分，再竖切成两半，去除多余的叶子后，叶上茎下插入杯中。

（4）橄榄

选用没有核的绿色橄榄，用酒签插起，置于杯中。

（5）樱桃

用酒签穿起，横搭杯口。或者在樱桃上切一嵌口，嵌于杯口上。

（6）杯口加盐边装饰

先将盐放入盘中备用，取玛格丽特杯，用一片切好的柠檬片在杯口擦匀，使杯口涂满柠檬汁，然后将杯口向下在准备好的盐盘中转动一周，使杯口沾满盐，轻弹杯身，弹掉多余的盐粒，最后放于台面准备使用。

（二）鸡尾酒调制标准

1. 鸡尾酒调制的基本原则

（1）饮料混合均匀。

（2）调制前，杯子应先洗净、擦亮。酒杯使用前需冰镇。

（3）按照配方的步骤逐步调配。

（4）量酒时必须使用量器,以保证调出的鸡尾酒口味一致。

（5）搅拌饮料时应避免时间过长,防止冰块融化过多而淡化酒味。

（6）摇混时,动作要自然优美、快速有力。

（7）用新鲜的冰块。冰块大小、形状与饮料要求一致。

（8）用新鲜水果装饰。切好后的水果应存放在冰箱内备用。

（9）使用优质的碳酸饮料。碳酸饮料不能放入摇壶里摇。

（10）水果挤汁时最好使用新鲜柠檬和柑橘,挤汁前应先用热水浸泡,便于多挤出汁。

（11）装饰要与饮料要求一致。

（12）上霜要均匀,杯口不可潮湿。

（13）使用蛋清是为了增加酒的泡沫,要用力摇匀。

（14）调好的酒应迅速服务。

（15）动作规范、标准、快速、美观。

2.鸡尾酒调制的标准要求

（1）时间:调完一杯鸡尾酒规定时间为 1 分钟。吧台的实际操作中要求一位调酒师在 1 小时内能为客人提供 80 ~ 120 杯饮料。

（2）仪表:必须身着白衬衣、马甲和打领结,调酒师的形象不仅影响酒吧的声誉,而且还影响客人的饮酒情趣。

（3）卫生:多数饮料是不需加热而直接为客人服务的,所以操作上的每个环节都应严格按卫生要求和标准进行。任何不良习惯如手摸头发、脸部等都直接影响操作卫生和客人健康。

（4）姿势:动作熟练、姿势优美;不能有不规范动作。

（5）载杯:所用的杯与饮料要求一致,不能用错杯。

（6）用料:要求所用原料准确,少用或错用主要原料都会破坏饮品的标准味道。

（7）颜色:颜色深浅程度与饮料要求一致。

（8）味道:调出饮料的味道正常,不能偏重或偏淡。

（9）调法:调酒方法与饮料要求一致。

（10）程序:要依次按标准要求操作。

（11）装饰:装饰是饮料服务最后一环,不可缺少。装饰与饮料要求一致、卫生。

三、实训项目

按照要求,进行 4 种鸡尾酒调制方法的实训练习。

1.红粉佳人(Pink Lady)调制

调制方法:摇荡法(shake)。

材料:金酒 1.5 盎司、柠檬汁 1/2 盎司、红石榴糖浆 2 茶匙、蛋白 1 个。

调制步骤:

(1)洗净双手并擦干;

(2)在鸡尾酒杯中加入冰块,进行冰杯;

(3)将调酒器分三段放于操作台面上;

(4)取适量冰块(方冰 3~5 块)放入调酒器底杯内;

(5)将公杯里的蛋清(1 个鸡蛋的量)倒入调酒器底杯内;

(6)量入柠檬汁和红石榴糖浆;

(7)用量酒杯量入金酒 1.5 盎司,倒入调酒器内;

(8)盖好滤冰网兼盖子和小盖子,用单手摇或双手摇的方法摇混均匀至外部结霜即可;

(9)将鸡尾酒杯里的冰块倒掉,滤入鸡尾酒杯;

(10)用吧匙将红樱桃取出,用刀在其底部划一口子,置于鸡尾酒杯上;

(11)清理工作台。

2. 干曼哈顿(Dry Manhattan)调制

调制方法:搅拌法(stir)。

材料:黑麦威士忌 1 盎司、干味美思 2/3 盎司、安哥斯特拉苦精 1 滴。

调制步骤:

(1)洗净双手并擦干;

(2)在调酒杯中加入冰块;

(3)注入上述酒料,用吧勺进行搅匀;

(4)滤入鸡尾酒杯;

(5)用吧匙将红樱桃取出,用刀在其底部划一口子,置于鸡尾酒杯上;

(6)清理工作台。

3. 天使之吻(Angel's Kiss)调制

调制方法:兑和法(build)。

材料:可可甜酒 4/5 盎司(1 盎司约 28 毫升),鲜奶油 1/5 盎司,樱桃 1 个。

调制步骤:

(1)洗净双手并擦干;

(2)将可可甜酒倒入利口酒杯中;

(3)慢慢倒入鲜奶油,使其悬浮在可可甜酒上面;

(4)用鸡尾酒针将樱桃串起来,横放在杯口上;

(5)清理工作台。

4. 冰冻蓝色玛格丽特(Frozen Blue Margarita)调制

调制方法:果汁机混合法(blend)。

材料:龙舌兰 30 毫升,蓝色柑香酒 15 毫升,砂糖 1 茶匙,细碎冰 3/4 杯,盐适量,果汁机、吸管、香槟酒杯。

调制步骤:

(1)洗净双手并擦干;

(2)用盐将杯子做成盐边杯型(将柠檬或橙皮夹着杯口转一圈,使杯口湿润,然后在盐粉里一蘸即可);

(3)将冰块和材料倒入果汁机内,摇匀倒入杯中即可;

(4)清理工作台。

任务二　鸡尾酒酒会服务程序及标准

一、任务描述

- 了解鸡尾酒酒会类型
- 学习鸡尾酒酒会服务程序及标准

二、相关知识

(一)鸡尾酒酒会的定义及类型

1.酒会的定义

酒会也称鸡尾酒会(cocktail party)。酒会的形式较灵活,不需要像宴会那样复杂和拘束,酒会以酒水为主,略备小吃,不设或少设座椅,仅置小桌或茶几以便宾客随意走动。举行酒会的时间较灵活,中午、下午、晚上均可。宾客到达酒会可以来去自由,不受约束。酒会通常准备的酒类品种较多,有鸡尾酒和各种混合饮料以及果汁、汽水、矿泉水,一般不用或少用烈性酒。食品多为三明治、面包、小香肠、炸春卷等各种小吃,以牙签取食。饮料和食品由服务员用托盘端送,也有一部分放置在小桌上。

2.酒会的类型

(1)根据酒会主题分

酒会一般都有较明确的主题,如婚礼酒会、开张酒会、招待酒会、产品介绍酒会、庆祝庆典酒会,以及签字仪式、乔迁、祝寿等酒会。这种分类对组织者很有意义。对于服务部门来说,应针对不同的主题,配以不同的装饰、酒食品种。

(2)根据组织形式分

根据组织形式来分,酒会有两大类,一类是专门酒会,另一类是正规宴会前的酒会。专门酒会单独举行,包括签到、组织者和来宾致词、时装表演、歌舞表演等。

专门酒会可分自助餐酒会和小食酒会。自助餐酒会一般在午餐或晚餐的时候进行,而小食酒会则多在下午茶的时候进行。宴会前酒会比较简单,它的功能只是作为宴会前召集客人,在较盛大的宴会开始前不使等候的客人受冷落的一种形式;也有把这种酒会作为宴会点题,致词欢迎的机会;还有的是为了给客人提供一个自由交流、联络感情的场所,因为当宴会开始时,客人已回到自己的座位上,只能同同桌的客人谈话。

(3)根据收费方式分

对服务行业来说,比较看重的是以收费方式来分类,因为牵涉到酒会的安排、组织和费用的计算。

①定时消费酒会

定时消费酒会也称为包时酒会。通常客人只需将客人人数、时间定下后就可以安排了,消费多少则在酒会结束后结算。定时酒会的特点是时间固定,通常有1小时、1.5小时、2小时几种。定下时间后,客人只能在固定的时间内参加酒会,时间一到将不再供应酒水。例如某个定时酒会是下午5点至6点,人数为250人。则酒吧提供1小时饮用酒水。即在5点前不供应酒水,5点开始供应,任客人随意饮用,但到6点整就不再供应任何酒水了。

②计量消费酒会

计量消费酒会是根据酒会中客人所饮用的酒水数量进行结算。这种酒会既不限时,也不限定酒水品种,只根据客人的需要而定。一般有豪华型与普通型两种。普通型的计量消费酒会是由客人提出要求,通常酒水品种只限于流行品牌;而豪华型的酒会可以摆出些名牌酒水,供客人选择饮用。在酒会中,酒水实际用量多少就计算多少,酒会结束后,按酒水消耗量结账。所以称为计量消费酒会。

③定额消费酒会

是指客人的消费额已固定,酒吧按照客人的人数和消费额来安排酒水的品种和数量。这种酒会经常与自助餐连在一起。客人在预定酒会时,先确定每位来宾所消费的金额,然后确定酒水与食物各占的比例,食物部分由厨师长负责,酒水部分由酒吧负责。酒吧则按照客人确认的消费额合理地安排酒水的品种、牌子和数量。这种酒会要经过细心的计算,因消费额已定,既要在品种、牌子和数量上给客人以满足感,又要控制好酒水的成本。

④现付费酒会

现付费酒会多用于表演晚会中,主人只负责宾客的入场券和表演节目。客人喜欢什么饮料,则由自己决定,但必须自己结账。对于这种酒会,酒吧只预备一般牌子的酒水,客人来的主要目的是观看演出,而不是饮用酒水。这种酒会在许多大型饭店中举行,如时装表演、演唱会、舞会等。

⑤外卖式酒会

由于有些客人希望在自己的公司或者家里举行酒会,以显示自己的身份和排场,酒吧就要按收费的标准类型准备酒水、器皿和酒吧工具,运到客人指定的地方。这种类型的酒会要注意的是准备工作要做得充分,因为不像在饭店里,缺什么临时可以补充。冰块和玻璃杯要准备得十分充足,要做好客人的住地不能提供冰块和玻璃杯清洗设备的打算。各种类型的酒水也要准备充足。除了"定额消费酒会"可以按定额运去酒水外,其他消费形式的酒会宁可多运一些品种、数量的酒水去,也不要等到酒水不够后再运去。

3.酒会酒吧设置

对于举行酒会已敲定的细节,通常由宴会预定部出一份宴会通知单,其中详细列述客人所定酒会的时间、日期、人数和要求,其中还分列了各个部门的职责,如厨房、酒吧器材安排,以及保安、餐厅服务、美术、工程等具体安排。酒吧则根据客人的要求来为各种形式不同的酒会设置酒吧,英文称 bar set up。酒会酒吧的设置形式分为软饮料酒吧、国产酒水酒吧、标准酒吧和豪华酒吧。

(1)软饮料酒吧

软饮料酒吧只摆设不含酒精的饮料。通常只提供果汁、汽水、矿泉水、杂果宾治这些无酒精饮料。有时也提供啤酒。这种酒吧摆设多用在欢迎酒会、签字仪式、产品推介会和招待会上。

(2)国产酒水酒吧

国产酒水酒吧设置中,除了软饮料之外还提供几种国产酒。一般情况下用5至6种,可用国产名酒茅台酒、五粮液酒等。这种酒吧设置多用于中餐的小型宴会中。

(3)标准酒吧

标准酒吧设置是酒会中使用最广泛最多的一种。几乎80%以上的酒会中酒吧设置都用标准酒吧。所以在饭店、宾馆中,标准酒吧使用的酒水品种应以一套"标准菜单"的形式确定下来。在标准酒吧中,一般只供应简单的混合饮料,不供应鸡尾酒,特别是复杂的鸡尾酒。由于各饭店、宾馆的实际情况不同,所使用的酒水品种也可能不相同。在实际工作中,标准酒吧设置除了用软饮料、啤酒外还可以提供常用烈性酒和开胃酒,例如:金酒、威士忌、白兰地、朗姆酒、伏特加。

(4)豪华酒吧

在酒会中,豪华酒吧设置使用的酒水品种较多,是名牌酒水较多的一种设置形式,可根据客人的要求,使用最名贵的酒水。豪华酒吧使用的酒水没有固定的形式,只要客人需要,都得办到,尽最大努力满足客人的要求。

以上四种酒会酒吧设置形式在饭店、宾馆中经常被采用。但由于每场酒会人数、消费的不同,酒吧设置的数量、新供应的酒水品种也有差别。一般情况下,酒吧设置的数量是由酒会的人数来定,大约每150位客人设一酒吧。酒水品种则根据饭店的酒水价格和客人的消费要求,同客人商量决定。

(二)鸡尾酒酒会服务程序及标准(见表3-3-1)

表3-3-1 鸡尾酒酒会服务程序

程序	标准
1. 准备工作	①了解EO单(预订单)信息,确定是否为含食品的鸡尾酒会。 ②根据信息设计鸡尾酒摆台型。 ③根据信息准备相关餐具和布草。 ④联系PA做好区域内清洁卫生。 ⑤联系工程部提供工程保障,如空调、背景音乐等。 ⑥根据要求摆好布菲台,确保布菲台简洁大方。根据菜品情况放相应的餐具。并有一定的装饰。 ⑦根据要求摆放鸡尾酒桌。根据标准摆放好小吃架、餐巾纸、烟灰缸、牙签、装饰物等。 ⑧准备好酒水车,联系酒水部提供相应酒水饮料等物品。 ⑨准备好工作台。备好工作台物品,如餐巾纸、口布、烟灰缸、牙签等。 ⑩联系厨房,做好出品工作。 ⑪放好指示牌。
2. 检查	①检查区域内清洁卫生。 ②检查区域内灯光设施等是否运转正常,背景音乐声音是否过大。 ③检查布菲台摆台情况。餐具是否备量充足、菜牌摆放是否与菜品相一致、布菲炉是否够热、布菲夹勺等是否与菜品相对应。 ④检查鸡尾酒桌的摆设情况。鸡尾酒桌摆放距离是否适当、鸡尾酒桌是否有摇晃、鸡尾酒桌台面摆设是否有遗漏等。 ⑤检查酒水车的清洁卫生,确保酒水饮料准备充足,检查酒水辅料是否有遗漏。 ⑥检查指示牌是否摆放合理,指示牌是否清洁,内容是否正确。 ⑦检查员工是否都已站好位,所有工作必须在开始前一个小时准备好。
3. 鸡尾酒会的服务流程	①用托盘盛装好各种酒水和饮料,并在托盘的一侧放好餐巾纸。 ②用托盘托好所提供的酒水饮料,站在门口、通道口、入口向来宾提供酒水和饮料。 ③在为客人递送上单杯饮料时,如用的是海波杯盛装冰或热的饮料,则需要用餐巾纸包裹杯子,然后再递送给客人。 ④在整个鸡尾酒会用餐过程中,工作人员必须随时穿插于客人中间及时为客人更换或添加酒水或饮料。 ⑤注意及时撤走客人不再用的杯子和盘子等餐具。 ⑥注意及时更换烟灰缸。 ⑦注意及时清理鸡尾酒桌上的残渣。

程序	标准
3. 鸡尾酒会的服务流程	⑧布菲台工作人员要及时添加餐具,时刻清理布菲台,保持布菲台的整洁。及时通知厨房补充菜品。 ⑨及时将脏盘和用过的杯子传与管事部清洗。 ⑩如为全托盘式服务菜品,应注意用托盘托起食品行走于客人中,让客人自选食品,在为客人提供食品时,要报菜名并做简单介绍。注意,对于热食的食品,应及时更换食品以确保其热度。 ⑪客人用餐完毕,工作人员站在门口向客人道别。 ⑫收档。将所有餐具收回库房,脏布草进行更换,清理区域内家私送回库房。联系 PA 做好清洁,联系工程部收设备和关空调、关灯。
4. 准备账单与结账	根据鸡尾酒会的收费情况和实际用餐情况准备账单并打印出来,与付款人结账。
5. 送别客人	感谢客人,并询问用餐情况,送别客人。

三、实训项目

设计一份鸡尾酒会策划方案书。

活动要求:每 2～4 名学生自由组合成 1 个工作小组,完成一份鸡尾酒会的策划方案。

活动项目:场地布置、材料准备、菜单设计、人员配备、酒水安排和资金预算等。

时间:2016 年 12 月 24 日

地点:某酒店多功能厅

参与人数:150 人左右

 课后练习

1. 实训室现场操作:练习鸡尾酒的四种不同调制方法。

2. 简述鸡尾酒酒会服务的基本要求及程序。

知识拓展

世界 WBC 大赛你了解吗

世界百瑞斯塔（咖啡师）大赛（World Barista Championship，WBC），是每年由世界咖啡协会（WCE）承办的高级别国际咖啡师大赛。大赛宗旨是推出高品质的咖啡，促进咖啡师职业化。一年一度的咖啡师大赛吸引了世界各地的观众，在全球范围内将大赛推向了高潮。

每一年，超过 50 个国家的冠军代表，将在美妙的 15 分钟音乐声中以严格的标准做出 4 杯意式浓缩咖啡、4 杯卡布奇诺和 4 种特色饮品。

来自世界各地的 WCE 评委将对每个作品的口感、洁净度、创造力、技能和整体表现做出评判（打分）。咖啡师通过广受欢迎的特色饮品，施展他们的想象力、展现丰富的咖啡知识，把作品的独特口味和咖啡师的专业经验呈现在评委面前。

从第一轮比赛中胜出的 12 名选手将晋级半决赛，半决赛胜出的 6 名选手将晋级决赛，决赛胜出者将成为年度世界百瑞斯塔咖啡师大赛冠军。

（资料来源：ABOUT WBC. The World Barista Championship）

模块四　酒吧管理

项目一 酒吧营业流程管理及日常工作

学习目标

1. 酒吧营业流程
2. 酒吧日常工作

任务一 酒吧营业流程管理

一、任务描述

- 熟悉酒吧营业前的准备工作程序
- 熟悉酒吧营业中的工作程序
- 熟悉酒吧营业结束后的工作程序

二、相关知识

酒吧是供宾客享用酒水、休憩、聚会等的场所,其服务的好坏直接影响到宾客的心理感受。酒吧的工作程序分为三个环节:营业前的准备工作、营业中的工作程序和营业结束工作。

(一)酒吧营业前的准备工作程序

营业前的准备工作俗称"开吧",主要包括:整理酒吧卫生、检查营业准备、查看营业报表、做好餐厨联系、班前例会、酒水补充领用等。

1. 整理酒吧卫生

每天正式营业前按卫生标准整理酒吧卫生,按下列 4 个步骤操作:

(1)清。清理吧台内外杂物和废弃包装物,倒入垃圾箱。

(2)擦。用干湿布擦拭吧台、吧柜、酒水间桌椅。按从上到下、从左到右、从里到外顺序擦拭。

(3)整。整理吧柜、陈列架上的酒水,按规定位置摆好,商标朝外;倒放、竖放的酒瓶要整齐;整理酒台上的酒具,擦拭干净,整理调酒用具,摆放整齐。

(4)观。观察整理效果。确保达到卫生标准,不留卫生死角。

2．检查营业准备

主管或领班查看酒水柜台的各种饮料、进口酒、国产酒是否齐备,各种调酒器具准备情况、吧台布置、环境卫生,酒吧设备是否达标和齐全完好。并签单补充当日需要的酒水。

3．查看营业报表

主要是查看前一天的营业报表,检查销售情况。

4．做好餐厨联系

与中餐厅、西餐厅、宴会厅联系,掌握当日各餐厅主要活动对酒水的需要量和要求,并与厨房联系,做好酒水、小吃准备。

5．召开班前会

传达餐饮部经理有关指令,布置当天工作,检查员工着装仪表、个人卫生,记录员工出勤,提醒注意事项,准备迎接客人。

6．酒水补充领用

(1)每日班前由调酒员根据酒水销售情况开领料单,点清领用品种名称、数量,交酒吧经理审批签字。

(2)酒吧经理签字后请餐饮部经理签字,然后到酒水库房领取。

(3)领用的酒水由当班经理和调酒员复核检查,确认签字后,按固定酒吧冰柜或储酒架固定位置存放。

(4)调酒所需要的配料由调酒员开单,到厨房或餐饮部领取,保证营业需要。

(二)酒吧正常营业工作程序

营业中的工作程序主要包括以下几个步骤。

1．引领服务

(1)客人来到酒吧门口,迎宾员应主动上前微笑问候,问清人数后引领客人进入酒吧。如是一位客人,可引领至吧台前的吧椅上。如是两位以上的客人,可引领到小圆(方)桌。如是需要等人的客人,可引领至能看到门口的小圆桌。

(2)引领时应遵从客人的意愿和喜好,不可强行安排座位。

(3)拉椅让座,待客人入座后递上打开的酒单,并请客人看酒单。

(4)迎宾员和酒吧服务员或调酒员交接后返回引领区域,记录引领客人的人数。

2．点酒服务

(1)酒吧服务员或调酒师递上酒单稍候片刻后,应询问客人喝点什么。

（2）向客人介绍酒水品种，并回答客人有关提问。

（3）接受客人点单时身体微前倾，认真记录客人所点的酒水饮料名称及分量。点酒完毕后应复述一遍以得到客人确认。

（4）记住每位客人各自所点的酒水，以免送酒时混淆。

（5）点酒单一式三联，一联留底，其余二联及时分送吧台和收款台。

（6）坐在吧台前的客人可由调酒师负责点酒（也应填写点酒单）。

3. 调酒服务

（1）按客人所点鸡尾酒或混合酒，明确酒水名称、配方。

（2）拿出酒杯，按配方要求配酒，量度准确，步骤合理。

（3）调酒时面向客人，商标要让吧凳上的客人能看见。

（4）鸡尾酒需要配料、装饰的要配齐。冰块用量适当。

4. 送酒服务

（1）服务员应将调制好的酒水及时用托盘从客人右侧送上。

（2）送酒时应先放好杯垫和免费的佐酒小食品，递上纸巾，再上酒，并说："这是您的××，请慢用。"

（3）巡视自己负责的服务区域，及时撤走桌面的空杯、空瓶，并按规定要求撤换烟灰缸（烟蒂不超过三个）。

（4）适时向客人推销酒水，以提高酒吧营业收入。如客人喝茶，则应随时添加开水。

（5）客人结账离开后，应及时清理桌面上用过的用具，再用湿布擦净桌面后重新摆上干净的用具，以便接待下一位（批）客人。

（6）送酒服务过程中应养成良好的卫生习惯，时时处处轻拿轻放，注意手指不触及杯口。

（7）如客人点了整瓶酒，要按示瓶、开瓶、试酒、倒酒的服务程序服务。

5. 结账送客服务

（1）客人要求结账，从收款台取来账单。

（2）将账单反面朝上放在客人右手桌上，小声告诉客人。

（3）客人付现金，当面点清。客人挂账，请客人签字。

（4）客人用信用卡结账，先检查刷卡，再开单请其签字。

（5）客人起身离座，服务员应上前拉椅，帮助客人穿外套，提醒客人带上随身物品，向客人诚恳致谢并道再见。

（三）酒吧营业结束工作程序

酒吧营业的结束工作主要有以下内容。

1. 清理酒吧

（1）搞好吧台内外的清洁卫生。

(2)将剩余的酒水、配料等妥善存放。

(3)将脏的杯具等送至工作间清洗、消毒。

(4)打开窗户通风换气,以消除酒吧的烟味、酒味。

(5)处理垃圾。

2. 填制表单

(1)认真、仔细地盘点酒吧所有酒水、配料的现存量,填入酒水记录簿(见表4-1-1),如实反映当日或当班所售酒水数量。

表4-1-1 酒水记录簿

日期:　　　　　　　　　　　　　　　　　　　　　　　　经手人:

项目	规格	存货	领用	售出	结存	签名
雪碧	罐	30	20	20	30	
可乐	罐	20	20	25	15	
…						
项目	规格	存货	领用	售出	结存	签名
金酒	瓶	3.5	2	2	3.5	
威士忌	瓶	4.2	1	2	3.2	
…						

(2)收款台应迅速汇总当班或当日的营业收入,填写营业日报表,按要求上交账款。

(3)填写每日工作报告,如实记录当日(班)营业收入、客人人数、平均消费和特别事件等,以便上级管理人员及时掌握酒吧营业状况。

3. 检查

全面检查酒吧的安全状况,关闭除冷藏柜以外的所有电器开关,关好门窗。

任务二　酒吧日常工作管理

一、任务描述

● 熟悉酒吧各类工作管理

二、相关知识

（一）擦拭杯具的工作程序

工作项目	工作标准	工作程序
1. 准备工作	洁净	①将杯具在洗杯机中清洗、消毒。 ②选用清洁和干爽的口布。 ③保持摆放杯具的台面清洁,并用口布垫在台面。 ④酒桶放好热水。 ⑤擦拭杯具的人员保持双手清洁。
2. 擦拭杯具	细心操作	①玻璃杯的口部对着热水(不要接触),直至杯中充满水蒸气,一手用口布的一角包裹住杯具底部,一手将口布另一段拿着塞入杯中擦拭,擦至杯中的水气完全消失,杯子透明锃亮为止。 ②擦拭玻璃杯时,双手不要接触杯具,不可太用力,防止扭碎杯具。
3. 杯具的摆放	整齐规范	轻拿玻璃杯底部,口朝下放置在台面(或酒杯架)上。 玻璃杯摆放要整齐,分类放置。

（二）酒水供应的工作程序

工作项目	工作标准	工作程序
1. 接受酒水订单	手续齐全	①酒水订单上有时间、服务员姓名、台号、宾客人数以及所需酒水的名称和数量,字迹填写要清晰。 ②酒水订单上要有收款员盖章。 ③将订单夹起(用订单签穿好)统一摆放在工作台上。
2. 酒水的制作	精心制作 符合规格	①听装饮料直接提供给服务员,饮料不需开启,并配用杯,按饮料的饮用方法在杯中加入冰块、水果片等。 ②瓶装饮料开启瓶盖后提供给服务员(葡萄酒、烈酒不需开启),并相应配给用杯、冰块、水果片、冰桶、冰架、水壶、冰夹、搅棒等。 混合饮料的制作: a. 先把配方所需酒水放在工作台上制作酒水的位置; b. 在工作台上准备好调酒工具、酒杯、配料、装饰品等; c. 调制、出品; d. 所用酒水配料等放回原处,所用调酒工具保持清洁,放回原处。

（三）酒水报损的工作程序

工作项目	工作标准	工作程序
1. 酒水报损时间和报损单的填写	协商一致手续完备	①与财务酒水成本组统一酒水报损时间。 ②通知财务酒水成本组。 ③当班调酒员填写酒水报损单,字迹清楚,注明报损时间、酒吧名称和酒水名称、规格及准确数量。 ④酒吧经理在酒水报损单备注处注明报损原因。 ⑤由酒吧经理、财务酒水成本组主管以及当班调酒员同时签名。
2. 报损后的酒水处理	与财务部共同进行	①报损酒水全部倒掉,将空瓶(听)送垃圾库。 ②在当日酒水盘点表上减掉报损酒水。

（四）宴会设吧

工作项目	工作标准	工作程序
1. 设吧前的准备工作	落实到人 品种齐全 数量准确 卫生清洁	①由当班酒吧经理(酒吧领班)签名接受宴会部向酒吧发出的宴会设吧通知单,通知单要注明宴会名称、日期、人数、地点、用餐标准和酒水要求等。 ②将通知单贴(夹)在客情栏上。 ③决定设吧使用的人员、人数。 ④决定设吧的时间。 ⑤提前1天准备好酒水品种、数量,领回后摆放在酒吧。 ⑥吧台放置各类酒水杯,数量充足,各类玻璃杯的总数按人数的3倍配备。 ⑦在酒会开始前30分钟将杯具放在吧台上。
2. 吧台的设置、酒水供应	及时、礼貌 清洁、准确	①吧台要在宴会前30分钟设置完毕。 ②吧台上酒水品种、数量齐全,酒水整齐美观,方便工作。 ③提供混合饮料时,在宴会开始前30分钟调制好,配上鸡尾酒盛器、用具、装饰物等。 ④鸡尾酒会、餐前酒会、自助餐酒会要提前20分钟将各类酒水往酒杯中倒入一部分。 ⑤调酒员各就各位,并自我检查仪表仪容。 ⑥服务员直接在吧台提取饮料,不需订单,保证供应。 ⑦保持吧台清洁、美观,有空瓶(听)、脏杯,立即放入吧台下空杯筐中。
3. 撤吧工作	确认数目 账面清楚 清洁卫生	①将空瓶(听)送往垃圾库,剩余酒水放回酒吧。 ②保持吧台及四周清洁卫生。 ③宴会结束前将酒水用量抄报餐厅主管(领班),换酒水订单。 ④酒水订单交给当班调酒员,核实酒水数。

（五）酒吧之间酒水调拨的工作程序

工作项目	工作标准	工作程序
1.电话询问填写调拨单	互通有无保证供应	①告知自己的姓名、所在酒吧的名称，以及所需酒水名称、规格和数量。说明取酒水的时间。 ②由要货酒吧填写酒水调拨单，字迹清楚，注明时间以及要货酒吧和发货酒吧的名称，酒水名称、规格、数量准确，要货酒吧调酒员和发货酒吧调酒员签名。 ③酒水调拨单一式4份，其中2联由发货酒吧随当日酒水盘点表交财务酒水成本组，另2联由发货酒吧和要货酒吧各留1份保存。
2.调拨酒水的发货及盘点	手续齐全	①要货酒吧到发货酒吧领取酒水。 ②要货酒吧和发货酒吧清点酒水的名称、规格和数量。 ③要货（发货）酒吧在本班次盘点表调进（调出）栏中注明调拨酒水数，并在备注处注明发货（要货）酒吧的名称。

（六）酒水盘点的工作程序

工作项目	工作标准	工作程序
1.盘点时间、酒水盘点	及时、准确	①在酒吧酒水供应结束时，进行盘点工作。 ②在酒水盘点前，陆续将订单酒水数相加在酒水盘点本上。 ③将本班次所领酒水、调拨数、售出数和报损数填入酒水盘点表相应位置上，算出理论结存数。 ④将实际酒水结存数逐一清点，填入盘点表中实际盘存一栏。 ⑤在盘点表上注明时间、班次、酒吧名称，并且由当班调酒员签名。
2.盘点后的相关事项	登记准确	晚班当班调酒员按酒水常备量及客情情况，算出酒水补充量，写在盘点本中，并将早、晚班酒水盘点表交当班酒吧经理（领班）。

（七）冰库使用的工作程序

工作项目	工作标准	工作程序
1.温度控制	控制到位	①冰库温度控制在$2℃\sim5℃$。 ②冰库内设有温度计。 ③除拿放酒水外，冰库门保持关闭。

续表

工作项目	工作标准	工作程序
2.酒水摆放	整齐规范	①酒水品种分开、位置固定。 ②酒水摆放整齐、平稳。 ③各类酒水的摆放便于领用,相对接近保质期的酒水放在门口。 ④酒水保持清洁,无灰尘。
3.冰库环境维护及保养	整洁、定期保养	①冰库四周无积水,无酒迹,无灰尘,无污垢,无杂物。 ②酒架光亮,无灰尘。 ③冰库顶部无灰尘,无杂物。 ④每年定期保养一次。

三、实训项目

以小组为单位,采用角色扮演法(酒吧主管、酒水员、服务生、客人若干),模拟练习酒吧服务整个营运流程的运转。

 课后练习

1.酒吧营运流程有哪些?

2.如何处理酒水报损工作?

3.如何协调好酒吧之间的酒水调拨工作?

项目二 酒吧人员管理

1. 酒吧人员的构成及岗位职责
2. 调酒师职业素质要求及绩效考核

任务一　酒吧人员的构成及岗位职责

一、任务描述

- 酒吧的人员构成
- 酒吧员工的岗位职责

二、相关知识

由于各饭店、宾馆中餐饮规模的不同和星级的不同,酒吧的组织结构可根据实际需要决定或变更。

(一)酒吧的人员构成

酒吧的人员构成通常由饭店中酒吧的数量决定。在一般情况下,每个服务酒吧配备调酒师和实习生4~5人,主酒吧配备领班、调酒师、实习生5~6人。酒廊可根据座位数来配备人员,通常10~15个座位配1人。以上配备为两班制需要人数,一班制时人数可减少。(见图4-2-1)

人员配备可根据营业情况的不同而做相应的调整。

(二)酒吧员工的岗位职责

1.酒吧经理职责范围

(1)保证各酒吧处于良好的工作状态和营业状态。

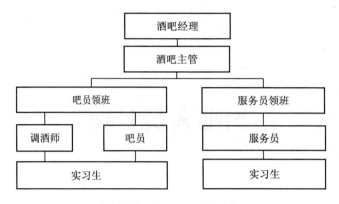

图 4 - 2 - 1 酒吧组织结构

（2）正常供应各类酒水，制订销售计划。

（3）编排员工工作时间表，合理安排员工休假。

（4）根据需要调动、安排员工工作。

（5）督促下属员工努力工作，鼓励员工积极学习业务知识，力求上进。

（6）制订培训计划，安排培训内容，培训员工。

（7）根据员工工作表现做好评估工作，提拔优秀员工，并且执行各项规章和纪律。

（8）检查各酒吧每日工作情况。

（9）控制酒水成本，防止浪费，减少损耗，严防失窃。

（10）处理客人投诉或其他部门的投诉，调解员工纠纷。

（11）按需要预备各种宴会酒水。

（12）制定酒吧各类用具清单，定期检查补充。

（13）检查食品仓库酒水存货情况，填写酒水采购申请表。

（14）熟悉各类酒水的服务程序和酒水价格。

（15）制定各项鸡尾酒的配方及各类酒水的销售标准。

（16）定出各类酒吧的酒杯及玻璃器皿清单，定期检查补充。

（17）负责解决员工的各种实际问题，假如制服、调班、加班、就餐、业余活动等。

（18）沟通上下级之间的联系。向下传达上级的决策，向上反映员工情况。

（19）完成每月工作报告。向饮食部经理汇报工作情况。

（20）监督完成每月酒水盘点工作。

（21）审核、签批酒水领货单、百货领货单、棉织品领货单、工程维修单、酒水调拨单。

2.酒吧领班职责范围

（1）保证酒吧处于良好的工作状态。

(2)正常供应各类酒水,做好销售记录。

(3)督导下属员工努力工作。

(4)负责各种酒水服务,熟悉各类酒水的服务程序和酒水价格。

(5)根据配方鉴定混合饮料的味道,熟悉其分量,能够指导下属员工。

(6)协助经理制定鸡尾酒的配方以及各类酒水的分量标准。

(7)根据销售需要保持酒吧的酒水存货。

(8)负责各类宴会的酒水预备和各项准备工作。

(9)管理及检查酒水销售时的开单及结账工作。

(10)控制酒水减少浪费,防止失窃。

(11)根据客人需要重新配制酒水。

(12)指导下属员工做好各种准备工作。

(13)检查每日工作情况,如:酒水存量、员工意外事故、新员工报到等。

(14)检查员工报到情况,安排人力,防止岗位缺人。

(15)分派下属员工工作。

(16)检查食品仓库酒水存货状况。

(17)向上司提供合理化建议。

(18)处理客人投诉、调解员工纠纷。

(19)培训下属员工,根据员工表现做出鉴定。

(20)自己处理不了的事情及时转报上级。

3. 酒吧调酒师职责范围

(1)根据销售状况每月从食品仓库领取所需酒水。

(2)按每日营业需要从仓库领取酒杯、银器、棉织品、水果等物品。

(3)清洗酒杯及各种用具、擦亮酒杯、清理冰箱。

(4)清洁酒吧各种家具,拖抹地板。

(5)将清洗盘内的冰块加满以备营业需要。

(6)摆好各类酒水及所需用的饮品以便工作。

(7)准备各种装饰水果,如柠檬片、橙角等。

(8)将空瓶、罐送回管事部清洗。

(9)补充各种酒水。

(10)营业中为客人更换烟灰缸。

(11)从清洗间将干净的酒杯取回酒吧。

(12)将啤酒、白葡萄酒、香槟和果汁放入冰箱保存。

(13)在营业中保持酒吧的干净和整洁。

(14)把垃圾送到垃圾房。

（15）补充鲜榨果汁和浓缩果汁。

（16）准备白糖水以便调酒时使用。

（17）在宴会前摆好各类服务酒吧。

（18）供应各类酒水及调制鸡尾酒。

（19）使各项出品达到饭店的要求和标准。

（20）每日盘点酒水。

4. 酒吧实习生职责范围

（1）每天按照提货单到食品仓库提货、取冰块，更换棉织品、补充器具。

（2）清理酒吧的设施，如冰柜、制冰机、工作台、清洗盘、冰车和酒吧的工具（搅拌机、量杯等）。

（3）经常清洁酒吧内的地板及所有用具。

（4）做好营业前的准备工作，如兑橙汁、将冰块装到冰盒里、切好柠檬片和橙角等。

（5）协助调酒师放好陈列的酒水。

（6）根据酒吧领班和调酒师的指导补充酒水。

（7）用干净的烟灰缸换下用过的烟灰缸并清洗干净。

（8）补充酒杯，工作空闲时用干布擦亮酒杯。

（9）补充应冷冻的酒水到冰柜中，如啤酒、白葡萄酒、香槟及其他软饮料。

（10）保持酒吧的整洁、干净。

（11）清理垃圾并将客人用过的杯、碟送到清洗间。

（12）帮助调酒师清点存货。

（13）帮助调酒师在楼面摆设酒吧。

（14）熟悉各类酒水、各种杯子的特点及酒水价格。

（15）酒水入仓时，用干布或湿布抹干净所有的瓶子。

（16）摆好货架上的瓶装酒，并分类存放整齐。

（17）在酒吧领班或调酒师的指导下制作一些简单的饮品或鸡尾酒。

（18）整理、放好酒吧的各种表格。

（19）在营业繁忙时，帮助酒吧调酒师招呼客人。

5. 酒吧服务员职责范围

（1）在酒吧范围内招呼客人。

（2）根据客人的要求写酒水供应单，到酒吧取酒水，并负责取单据给客人结账。

（3）按客人的要求供应酒水，提供令客人满意而又恰当的服务。

（4）保持酒吧的整齐、清洁，包括开始营业前及客人离去后摆好台椅等。

（5）做好营业前的一切准备工作，准备咖啡杯、碟、点心（西点）、茶壶和杯等。

（6）协助放好陈列的酒水。

（7）补足酒杯,空闲时擦亮酒杯。

（8）用干净的烟灰缸换下用过的烟灰缸。

（9）清理垃圾及客人用过的杯、碟并送到清洗部。

（10）熟悉各类酒水、各种杯子的类型及酒水的价格。

（11）熟悉服务程序和要求。

（12）能用正确的英语与客人应答。

（13）营业繁忙时,协助调酒师制作各种饮品或鸡尾酒。

（14）协助调酒师清点存货,做好销售记录。

（15）协助填写酒吧用的各种表格。

（16）帮助调酒师、实习生补充酒水或搬运物品。

（17）清理酒吧内的设施,如:台、椅、咖啡机、冰车和酒吧工具等。

任务二 调酒师职业素质要求及考核

一、任务描述

- 调酒师的职业素质要求
- 调酒师的绩效考核管理

二、相关知识

（一）调酒师的职业素质要求

基本素质要求包括身材、容貌、服装、仪表、风度等。

1.身材与容貌

身材与容貌在服务工作中有着较为重要的作用。在人际交往中,好的身材和容貌可使人产生舒适感,心理上产生亲切及愉悦感。

2.服饰与打扮

调酒师的服饰与穿着打扮,体现着不同酒吧的独特风格和精神面貌。服装体现着个人仪表,影响着客人对整个服务过程的最初和最终印象。打扮,是调酒师上岗之前自我修饰、完善仪表的一项必需工作。即使你的身材标准,服装华贵,如不注意修饰打扮,也会给人以美中不足之感。

3.仪表

仪表即人的外表,注重仪表是调酒师的一项基本素质。酒吧调酒师的仪表直接影响着客人对酒吧的感受,良好的仪表是对宾客的尊重。调酒师整洁、卫生、规范化的仪表,能烘托服务气氛,使客人心情舒畅。如果调酒师衣冠不整,必然给客人留下一个不好的印象。

4.风度

风度是指人的言谈、举止、态度。一个人正确的站立姿势、雅致的步态、优美的动作、丰富的表情、甜美的笑貌以及得体的服装打扮,都会体现风度的高雅。要使服务获得良好的效果和评价,就要使自己的风度仪表端庄、高雅,调酒师的一举一动都要符合美的要求。所以,在酒吧服务过程中,酒吧工作人员尤其是调酒师任何一个微小的动作都会直接对宾客产生影响,因此调酒师行为举止的规范化是酒吧服务的基本要求。

(二)调酒师绩效考核管理(见表4-2-1)

表4-2-1 调酒师考核表

姓名: 部门: 岗位: 考评日期:

评价因素	对考核期间工作成绩的评价要点	评价度(满分100分)
		优 良 中 可 差
1.思想品质	A.对工作抱有良好的积极性和主动性,工作态度饱满、热情; B.明确本职岗位职责,忠于职守,坚守岗位,有开拓新业务的信心; C.工作勤恳,办事扎实,有事业心、进取心; D.热爱公司,能透彻理解并贯彻执行公司的各项规章制度。	5 4 3 2 1 5 4 3 2 1 5 4 3 2 1 5 4 3 2 1
2.礼仪礼貌	A. 按要求着装上岗,佩戴工号牌上岗,按规定化淡妆; B.按规定戴饰物,发型符合要求,指甲符合要求; C.见到客人问候"您好"或"欢迎光临"; D.在服务过程中使用服务用语,不说"没有"或"不知道",对客人的吩咐要立即回应"行""可以""马上就来"。	5 4 3 2 1 5 4 3 2 1 5 4 3 2 1 5 4 3 2 1
3.业务知识	A.掌握和了解所在部门岗位职责及规章制度; B. 负责水柜、酒橱酒水和其他商品的摆设、贮藏; C.各种酒水明码标价、字迹清晰美观; D.熟悉各类酒水和其他商品的名称、价格、型号、产地和特点等; E.严格把好饮品食品质量关,不卖过期变质的饮品及食品; F.搞好各处的清洁卫生,及时清理各种破烂瓶、罐及包装物等; G.每日清点出售物品,做好各类账目的登记; H.认真细致地填写每日销售报表; I.能较好处理突发事件; J.了解有关的急救知识; K.具有较强的工作责任心,能起到一定的带头作用; L.具有预防火灾、盗窃和自然事故方面的知识。	5 4 3 2 1 5 4 3 2 1 5 4 3 2 1 5 4 3 2 1 5 4 3 2 1 5 4 3 2 1 5 4 3 2 1 5 4 3 2 1 5 4 3 2 1 5 4 3 2 1 5 4 3 2 1 5 4 3 2 1

续表

评价因素	对考核期间工作成绩的评价要点	评价度（满分100分）				
		优	良	中	可	差
4.操作技能	A.经常研究和创新新饮品,定期推出新的酒水品牌,丰富酒水、饮料的供应品种,满足客人的需要;	5	4	3	2	1
	B.掌握餐厅酒吧酒水及饮品的储存、陈列、销售情况,定期统计酒水及饮品的销售情况;	5	4	3	2	1
	C.能对各类设施设备的故障做到及时报修;	5	4	3	2	1
	D.能按照程序对客人做到周到及细致的服务,在调制特饮时配制准确、技术熟练、服务周到;	5	4	3	2	1
	E.了解和掌握市场酒水及饮品价格,指导及进行酒水原材料的购买,根据酒吧销售状况增减酒水进货额度,避免脱销或积压,造成损失浪费;	5	4	3	2	1
	F.关注酒水和饮品的保质期,对于即将过期的酒水或饮料通知员工尽力推销,以降低损耗;	5	4	3	2	1
	G.定期对酒水库做好盘点工作,做到账目清晰;	5	4	3	2	1
	H.负责酒吧、酒柜、冷藏柜、酒水库的清洁卫生;	5	4	3	2	1
	I.制订酒水进货计划,并交由采购员进货;	5	4	3	2	1
	J.主动招呼客人,为客人详细介绍酒水。	5	4	3	2	1
5.工作成果	A.工作成果达到酒店既定的预期目标和计划要求;					
	B.工作方法得当,时间和费用安排合理有效,能开源节流,合理有效利用公司提供的各种资源;	5	4	3	2	1
	C.工作无差错,能达到或超过实际工作中的量化指标和要求;	5	4	3	2	1
	D.及时整理工作成果,为以后的工作创造条件,工作总结和汇报准确、真实。	5	4	3	2	1

三、实训项目

以小组为单位,分别扮演酒吧实习调酒师及酒吧服务生,进行岗位职责的模拟练习和考核。

 课后练习

1. 酒吧的人员构成主要有哪些? 其职责有什么要求?

2. 酒吧从业人员的职业素质要求有哪些?

酒吧成本控制管理

学习目标

1. 酒水成本控制管理
2. 酒水标准化管理

任务一　酒水成本控制管理

一、任务描述

- 酒水成本概念
- 酒水成本控制流程

二、相关知识

（一）酒水成本概念

酒水成本就是指酒水在销售中的直接成本,实际上就是酒水的采购价格。

1. 酒吧成本组成

指酒吧经营酒水产品时发生的各项费用支出,包括酒水成本,各种小食品、装饰品与调味品成本,人工成本、能源成本、设备折旧费及管理费等。

2. 零杯酒成本核算

每盎司酒的成本 = 每瓶酒的进价/每瓶酒的容量(盎司) − 允许流失量(盎司)

允许流失量是指酒水存放过程中自然蒸发损耗和服务过程中的滴漏损耗。根据惯例,每瓶酒损耗控制在 1 盎司左右视为正常。

例如,某酒吧购进金酒,进价为 60 元,容量为 33.8 盎司(1 升),流失量为 1 盎司,求每杯标准成本。

计算如下:每盎司成本 = 60 元(进价)/[33.8(盎司) − 1(盎司)] = 1.83 元/

盎司

这样就可以计算出每杯标准成本了,1.83 元/盎司 × 1.5 盎司(该酒吧规定的每杯的标准容量数) = 2.75 元

3. 鸡尾酒成本核算

鸡尾酒成本 = 基酒的成本 + 辅料成本 + 配料和装饰物成本

4. 酒水原料成本率

酒水成本率 = 酒水成本/酒水售价 × 100%

5. 酒水产品毛利额

酒水毛利额 = 酒水售价 – 酒水直接成本

6. 酒水产品毛利率

酒水毛利率 = 酒水毛利额/酒水售价 × 100%

7. 企业每日成本核算

首先对酒吧每日入库的酒水及其他原料进行统计,然后统计当日酒水销售情况及库存酒水数量,再根据各种统计数据计算出当日酒吧的实际成本、成本率、毛利率、毛利额等。

(二)酒水流程管理

酒水流通过程主要包括以下环节,即酒水的采购、验收、储藏、发放,酒水的配制和酒水的销售服务等。在这些环节中,每进行一步都必须采取严格的管理措施,杜绝任何不利于成本控制的现象发生。

1. 酒水的采购

酒水的控制是从采购开始的。行之有效的采购工作应该是"购买的东西最大限度地生产出所需要的各种食品或饮料,节约成本,节约时间"。

(1)选择合格的酒水采购员

国际上的一些饭店和餐饮管理专家认为,一个优秀的采购员可为企业节约2% ~3%的餐饮成本。作为一名合格的酒水采购员必须具备以下条件:具备丰富的餐饮经验;灵活的市场采购技巧,了解市场行情;懂得各种会计知识,掌握订货单、发票、收据以及支票的作用;掌握各种酒水知识;诚实可靠、有进取心;能制定各种采购规格等。

(2)控制酒水采购的质量和价格

没有合格的酒水原料等于成本控制的失败。在控制酒水采购质量前必须制定酒水标准采购规格。这种规格的内容必须包括酒水的品种、商标、产地、等级、外观、气味、酒精度、酒水的原料、制作工艺、价格等。采购规格制定以后,应分送有关部门,这样可以保证酒吧酒水原料的质量和价格,以控制酒水的成本。

（3）控制酒水采购的时间和数量

酒水的采购时间和数量应当根据酒水销售量来定,数量的多少还应考虑酒水饮料的保质期和库房的容量;许多大中型饭店制定了酒水定货点采购法,以保证酒水原料的销售和控制,以及酒水采购的时间和数量。

（4）控制酒水的采购程序

通常由酒水储存管理员根据仓库酒水的库存情况填写酒水采购单,通过餐饮部经理、采购部经理或酒吧经理等主管部门批准,由负责采购酒水的人员根据酒水采购申请单的品种、规格和数量进行采购,仓库验收员对酒水质量、价格和数量进行验收,由财务主管人员审查后将货款付给供应商。

（5）控制酒水的价格

为了有效控制酒水成本,饭店和餐饮业都非常重视酒水的采购价格。通常,企业至少取得三家供应商的报价,通过与供应商谈判价格后,选择报价最低的供应商。

2. 酒水的验收

（1）配备优秀的验收员

一个优秀的验收员应当熟悉酒水知识,了解酒水采购价格、熟悉财务制度,并且认真地按照企业规定的验收程序及酒水规格、数量和价格进行验收。通常,酒水验收员不应当由采购员、调酒师或酒吧经理兼任,而应当由仓库保管员兼任,较大型企业可以设专职验收员,验收员应属财务部门领导。

（2）制定严格的验收程序和验收标准

验收员在验收酒水时应检查发货票上的酒水名称、数量、产地、级别、年限、价格是否与订购单上的一致。与此同时,再检查供应商实际送来的酒水名称、数量、产地、级别、年限是否与发货单上的相同,这就是酒水验收控制中的"三相同",即发票、订购单与实物相同。验收员在每次酒水验收后,都要填写酒水验收单,并且在酒水发货票后盖上验收合格章,财务人员根据验收合格的发票付给供应商货款。

3. 酒水的贮藏

（1）酒水储存应注意的事项:酒品必须储存在凉爽干燥的地方;应避免阳光或其他强烈光线的直接照射,特别是酿造酒品;避免震荡,与特殊气味的物品分开储藏,以免串味;保持一定的储存温度和湿度;分类存放,便于清点;存放时要先进先出,并经常检查酒水的保质期;名贵酒应单独存放。

（2）酒窖的钥匙必须专人保管,其对储藏室所有物品均负有完全责任。

（3）每个月底餐饮主管会同酒窖管理人员进行存货盘点核实,这对于有效的控制和管理至关重要。

4. 酒水的发放

含酒精的烈酒是以瓶为单位发放的,软饮料的发放以箱或打为单位发放。饮料发放一般在上午8点至10点或下午2点至4点进行,因为这段时间酒吧生意清淡,可以集中调酒人员前往领货。酒水的发放以申领单为依据,一式三份,酒吧经理或主管签字后方可生效。发完货后,三联单正本交财务部,第二联留存酒窖,第三联交酒吧保管。

任务二　酒水标准化管理

一、任务描述

- 酒水标准化管理办法
- 酒吧人员的常见舞弊行为及控制办法

二、相关知识

(一)酒水标准化管理办法

1.度量标准化

就是说在酒水特别是烈酒的销售过程中,严格按照度量标准,使用标准量杯进行销售。酒吧常用的盎司杯有两种。一种是1盎司的单用量杯,一种是多用途的组合量杯。度量标准化要求酒吧工作人员严格执行标准度量制度,销售过程中认真使用量杯,既不多给也不克扣。

2.酒单标准化

酒单设计的标准化主要有以下几点内容:酒单内容完整,文字简洁明了;标准化酒单定价公道合理;印刷清晰,整洁漂亮;设计要有特色。

3.价格标准化

包括两个方面:一是酒水定价标准公道;一是售价一视同仁。制定酒水价格要考虑的主要因素有:酒吧的标准;酒吧的客源市场;酒吧的地理位置;价格的稳定性;适当的灵活性,即考虑到各种推销活动或者淡旺季的价格变化等。

4.配方标准化

标准配方的内容包括:鸡尾酒的名称、主配料名称、数量、成本价、调制方法、杯具、装饰物以及售价。配方标准化是成本控制的极好途径。

5.杯具标准化

首先,要正确使用杯具;其次应使用无破损的杯具为客服务;最后必须使用干净的杯具。一方面要遵循好这三方面原则,另一方面也应认真细致管理好杯具,杜绝不利于成本控制的现象发生。

(二)酒吧人员的常见舞弊行为及控制办法

(1)克扣酒水量,把扣下的酒水销售所得中饱私囊。

防范:要求使用量杯,不允许预先倒酒。

(2)稀释烈酒,私吞额外收入或酒水。

防范:要求订单上写清酒牌号,凭空瓶领酒水。

(3)携带私人酒瓶进酒吧而出售自己的酒水。

防范:使用有标记的酒瓶,妥善保管酒吧标记,并设专人收款。

(4)将整瓶酒分作几项零售,但作整瓶出售记账而私吞差额。

防范:实行随时监察及有效的收银管理。

(5)对销售酒水克扣上报的现金,却在记录上作泼酒、退还或免费赠送的报告。

防范:应作出赠送酒水须经经理同意、退还酒水不许倒掉的严格规定,密切监视泼洒酒水过多的员工并给予必要的处罚。

(6)以低质酒充当高质酒出售,私吞差额。

防范:订单写清牌号,凭单收费。

(7)调酒员与服务员串通,售酒不入账,私分钱款。

防范:员工轮班服务,同时经理应掌握员工关系的疏密程度。

(8)使用假币假支票套取真币。

防范:使用验币设备和制定收受支票的制度。

三、实训项目

计算酒吧内若干种类纯酒的标准成本,并填写标准成本记录单。(见表4-3-1)

(1)某品牌的白兰地酒每杯标准为 1.5 盎司,容量为 750 毫升,进价为 180 元人民币,计算每杯白兰地酒的成本。

(2)某品牌的金酒每杯标准为 1.5 盎司,容量为 750 毫升,进价为 90 元人民币,计算每杯金酒的成本。

表 4-3-1　标准成本记录

酒名	每瓶容量	每瓶成本	每盎司成本	每杯容量	每杯成本
白兰地××					
金酒×××					

 课后练习

1.酒水成本控制方法有哪些?

2. 酒吧成本的构成包括哪些内容？

知识拓展

机器人调酒师将挑战真正的调酒师

传统的酒吧内，客人点单调酒师负责调制鸡尾酒，而在皇家加勒比游轮有限公司的最新款邮轮——海洋量子号的酒吧上，将出现不同景象。这艘船上的"仿生酒吧"使用了机器人作为调酒师，机器人调酒师和人类调酒师之间的区别在于：有了机器人的帮助，顾客成为了真正的调酒师，而机器人不过是更富有经验并易于使用的工具，帮助酒吧的顾客调制出饮料。酒吧的顾客们将通过使用一个简易的 APP 程序定制所希望的鸡尾酒等饮料，这意味着饮料的配方将由顾客自行设计和决定，因此顾客们可以创造几乎不限数量的酒精或非酒精的混合饮品。而顾客们还能命名并保存由他们所设计的配方，同时为其打分并和朋友们相互评论。机器人调酒师将挑战职业调酒师。

（资料来源：http://www.jiemian.com/article/215220.html）

附录一　常见25款鸡尾酒配方

一、亚历山大

特色:1863年,爱德华(后成为英国国王)与丹麦公主亚历山德拉成婚,这款酒是为纪念两人的婚礼而创作的,当时取名"亚历山德拉"。此酒较适于餐后饮用。

用具:调酒壶、冰桶及冰夹、量杯、三角鸡尾酒杯。

原料:白兰地30毫升,可可利口酒10毫升,鲜奶油20毫升,肉豆蔻粉适量,冰块适量。

调制步骤:将适量的冰块放入调酒壶中,取适量的酒水和鲜奶油倒入调酒壶中,盖上壶盖摇匀,摇好后将酒倒入三角鸡尾酒杯中,在酒面上撒上肉豆蔻即成。

二、红粉佳人

特色:1912年,舞台剧《红粉佳人》在伦敦首演成功。庆功宴上,献给女主角海瑟杜维的这款鸡尾酒便被命名为"红粉佳人",此酒适于餐后饮用。

用具:调酒壶、冰桶及冰夹、量杯、三角鸡尾酒杯。

原料:伦敦干金酒40毫升,红石榴糖浆5毫升,柠汁10毫升,鸡蛋一个,红樱桃一个,冰块适量。

调制步骤:将鸡蛋打开,去半个蛋清备用,将适量的冰块放入调酒壶中,取适量的酒水倒入调酒壶中,并加入蛋清,盖上壶盖摇匀,摇好后将酒倒入三角鸡尾酒杯中,在杯口装饰红樱桃。

三、新加坡司令

特色:新加坡著名的莱佛士酒店于1915年创作了这款新加坡司令。此后这款酒成为该酒店的招牌鸡尾酒。此酒适合于任何时间饮用。

用具:调酒壶、冰桶及冰夹、量杯、调酒匙、平底酒杯、酒签。

原料:伦敦干金酒 45 毫升,樱桃白兰地 15 毫升,柠汁 15 毫升,无色糖浆 10 毫升,苏打水适量,柠檬片一片,红樱桃一个,冰块适量。

调制步骤:将适量的冰块放入调酒壶中,取适量的酒水倒入调酒壶中,盖上盖摇匀,摇好后将酒倒入盛有适量冰块的平底杯中,加入适量的苏打水,同时用调酒匙搅匀,用酒签穿起红樱桃和柠檬片装饰在杯中。

四、得其利

特色:这款酒是以兰姆酒为基酒的鸡尾酒的代表,适合于任何时间饮用。

用具:调酒壶、冰桶及冰夹、量杯、三角鸡尾酒杯。

原料:白兰姆酒 45 毫升、柠汁 15 毫升、砂糖 1 茶匙、冰块适量。

调制步骤:将适量的冰块放入调酒壶中,量取适量的酒水倒入调酒壶中,盖上盖摇匀,摇好后将酒倒入三角鸡尾酒杯中即成。

五、彩虹

特色:这款酒是典型的兑和法调制鸡尾酒的代表。较适合于餐后饮用。

用具:调酒匙、利口酒杯、量杯、吸管。

原料:白兰地 5 毫升,红石榴糖浆 5 毫升,绿薄荷酒 5 毫升,紫罗兰酒 5 毫升、白薄荷酒 5 毫升、蓝薄荷酒 5 毫升、瓜类利口酒 5 毫升。

调制步骤:用调酒匙背抵住杯的内壁,取适量的酒水依次倒入杯中,配吸管送上即成。

六、威士忌酸

特色:它是酸类鸡尾酒的典型代表,该酒适合于任何时间饮用。

用具:调酒壶、冰桶及冰夹、量杯、酸杯、酒签。

原料:加拿大威士忌 40 毫升、柠汁 20 毫升、无色糖浆 10 毫升、柠檬片一片、红樱桃一个、冰块适量。

调制步骤:将适量的冰块放入调酒壶中,取适量的酒水倒入调酒壶中,盖上壶盖摇匀,摇好后将酒倒入酸杯中,用酒签串起红樱桃和柠檬片装饰在杯口。

七、螺丝钻

特色:美国得克萨斯州油田的采油工人将伏特加加橙汁混合,由于没有搅拌工具只好用螺丝刀代替,此款酒因此而得名。虽口味轻柔,但酒精度极高,被称为"温柔杀手"。此酒适合于任何时间饮用。

用具：调酒匙、量杯、古典杯、冰桶及冰铲。

原料：伏特加 45 毫升、橙汁 120 毫升、橙片一片、碎冰适量。

调制步骤：取适量碎冰放入古典杯中，取适量酒水倒入杯中，用调酒匙搅匀，将橙片在杯口装饰即成。

八、边车

特色：这款鸡尾酒调制方法简单，其口感和风味非常适合于在餐后饮用。

用具：调酒壶、量杯、冰桶及冰夹、三角鸡尾酒杯

原料：干邑白兰地 40 毫升、君度酒 10 毫升、柠汁 10 毫升、冰块适量。

调制步骤：将适量的冰块放入调酒壶中，取适量的酒水倒入调酒壶中，盖上盖摇匀后将酒注入杯中即成。

九、白兰地蛋诺

特色：营养价值高，常被作为圣诞饮品，可热饮，亦可冷饮。适合于任何时间饮用。

用具：调酒壶、量杯、冰桶及冰夹、调酒匙、平底酒杯。

原料：白兰地 30 毫升，褐色朗姆酒 15 毫升，砂糖 2 茶匙，鸡蛋一个，牛奶适量，肉豆蔻粉适量，冰块适量。

调制步骤：将适量的冰块放入调酒壶中。取适量的酒水倒入调酒壶中，盖上盖摇匀后，将酒注入盛有冰块的平底杯中，用调酒匙搅匀。撒上肉豆蔻粉即成。

十、玛格丽特

特色：它是以特基拉为基酒的代表。通常饮用时要蘸盐边，较适于餐后饮用。

用具：调酒壶、量杯、冰桶及冰夹、三角鸡尾酒杯。

原料：特基拉酒 40 毫升、君度 5 毫升、橙汁 15 毫升、盐适量、柠檬片一片、冰块适量。

调制步骤：用柠檬片擦拭杯口，将杯口倒置于盐碟中，轻轻转动杯子，拿起杯子，轻轻弹杯，去除多余的盐粒，将适量的冰块放入调酒壶中，量取适量的酒水倒入酒壶，盖上壶盖摇匀后将酒倒入三角鸡尾酒杯中即成。

十一、旭日东升

特色：这款旭日东升口味细腻、气味香甜，较适合于女性在任何时间饮用。

用具：调酒壶、量杯、冰桶及冰夹、香槟酒杯。

原料:特基拉酒 30 毫升、修道院黄酒 20 毫升、橙汁 10 毫升、野红梅金酒 1 茶匙、红樱桃一个、柠檬片一片、盐适量、冰块适量。

调制步骤:将适量的冰块放入调酒壶中,取适量的特基拉、修道院黄酒、橙汁倒入调酒壶,盖上壶盖摇匀后,将酒倒入蘸盐边的香槟酒杯中,轻轻将适量野红梅金酒倒入杯中即成。

十二、美国佬

特色:口味独特,既苦又甜。能增进食欲,较适合于餐前饮用。

用具:调酒匙、量杯、冰桶及冰夹、古典杯。

原料:甜味美思 30 毫升、金巴利酒 30 毫升、柠皮适量、冰块适量。

调制步骤:将适量冰块放入古典杯中,量取适量酒水倒入杯中,将柠檬片挤汁滴入杯中,用调酒匙搅匀即成。

十三、天使之吻

特色:此款鸡尾酒口感甘甜,色彩对比明显,较适合于餐后饮用。

用具:调酒匙、量杯、利口酒杯、酒签。

原料:可可利口酒 30 毫升、鲜奶油 15 毫升、红樱桃一个。

调制步骤:将适量可可利口酒倒入利口酒杯中,将鲜奶油沿着调酒匙背轻轻注入杯中,用酒签穿起红樱桃横放于杯口即成。

十四、马天尼

用具:调酒杯、量杯、滤冰器、冰桶及冰夹、调酒匙、三角鸡尾酒杯、酒签。

原料:金酒 45 毫升、(无味)味美思 5 滴、橄榄一个、柠皮适量、冰块适量。

调制步骤:将适量冰块放入调酒杯中,量取适量酒水倒入调酒杯中,用调酒匙搅匀后滤入三角鸡尾酒杯,用酒签穿起橄榄和柠皮装饰。

十五、甜马天尼

用具:调酒杯、量杯、滤冰器、冰桶及冰夹、调酒匙、三角鸡尾酒杯。

原料:金酒 30 毫升、甜味美思 20 毫升、红樱桃一个、冰块适量。

调制步骤:将适量冰块放入调酒杯中,取适量酒水倒入调酒杯中,用调酒匙搅匀后,滤入三角鸡尾酒杯,用红樱桃在杯口装饰。

十六、中性马天尼

用具:调酒杯、量杯、滤冰器、冰桶及冰夹、调酒匙、三角鸡尾酒杯。

原料:金酒 30 毫升、干味美思 15 毫升、甜味美思 15 毫升、橄榄一个、柠皮适量、冰块适量。

调制步骤:将适量冰块放入调酒杯中,量取适量酒水倒入调酒杯中,用调酒匙搅匀后,滤入调酒杯中,用酒签穿起橄榄和柠皮装饰。

十七、干曼哈顿

用具:调酒杯、量杯、滤冰器、调酒匙、冰桶及冰夹、三角鸡尾酒杯、酒签。

原料:黑麦威士忌 30 毫升、干味美思 20 毫升、安格斯特拉苦精 1 滴、樱桃一个、冰块适量。

调制步骤:将适量的冰块放入调酒杯中,量取适量的酒水倒入调酒杯中,用调酒匙搅匀后滤入三角鸡尾酒杯中,用酒签穿起红樱桃在杯中装饰。

十八、中性曼哈顿

用具:调酒杯、量杯、滤冰器、调酒匙、冰桶及冰夹、三角鸡尾酒杯、酒签。

原料:黑麦威士忌 30 毫升、干味美思 15 毫升、甜味美思 15 毫升、安格斯特拉苦酒 1 滴、柠檬片一片、红樱桃一个、冰块适量。

调制步骤:将适量的冰块放入调酒杯中,量取适量的酒水倒入调酒杯中,用调酒匙将酒搅匀后滤入三角鸡尾酒杯中。用酒签穿起红樱桃、柠檬片在杯中装饰。

十九、甜曼哈顿

用具:调酒杯、量杯、滤冰器、调酒匙、冰桶及冰夹、三角鸡尾酒杯、酒签。

原料:黑麦威士忌 30 毫升、甜味美思 20 毫升、安格斯特拉苦酒 1 滴、红樱桃一个、冰块适量。

调制步骤:将适量的冰块放入调酒杯中,量取适量的酒水倒入调酒杯中,用调酒匙将酒搅匀后滤入三角鸡尾酒杯中,用酒签穿起红樱桃在杯中装饰。

二十、百家地

特色:1936 年,美国纽约州最高法院判决:"百家地"鸡尾酒必须用百家地朗姆酒来调制。此款鸡尾酒口味清淡,适合于任何时间饮用。

用具:调酒壶、量杯、冰桶及冰夹、三角鸡尾酒酒杯。

原料:百家地朗姆酒 45 毫升、鲜柠檬汁 15 毫升、红石榴糖浆 1 茶匙、红樱桃一个、冰块适量。

调制步骤:将适量的冰块放入调酒壶中,量取适量的酒水倒入调酒壶,盖上盖摇匀后,将酒倒入三角鸡尾酒杯,将红樱桃装饰于杯口。

二十一、吉普森

特色:称为"无苦汁的马天尼",适合于餐前饮用。

用具:调酒杯、滤冰器、冰桶及冰夹、调酒匙、量杯、三角鸡尾酒杯、酒签。

原料:金酒30毫升、干味美思20毫升、珍珠洋葱一个、柠檬皮适量、冰块适量。

调制步骤:将适量的冰块放入调酒杯中,量取适量的酒水倒入调酒杯,用调酒匙将酒搅匀后滤入三角鸡尾酒杯中,用酒签穿起珍珠洋葱装饰在杯中,撒上柠檬皮即成。

二十二、特基拉日出

特色:这款酒因呈太阳喷薄欲出状而得名,1972年受到滚石乐队的推崇而风靡世界。适合任何时间饮用。

用具:调酒匙、量杯、冰桶及冰夹、高脚杯。

原料:特基拉酒45毫升、橙汁90毫升、红石榴糖浆2茶匙、冰块适量。

调制步骤:将适量的冰块放入高脚杯,量取适量的酒水倒入高脚杯,用调酒匙将酒搅匀即成。

二十三、罗伯罗伊

特色:此款鸡尾酒的配方与曼哈顿相似,因此又称为"苏格兰曼哈顿"适合于餐前饮用。

用具:调酒杯、滤冰器、调酒匙、冰桶及冰夹、三角鸡尾酒杯、酒签。

原料:苏格兰威士忌60毫升、甜味美思15毫升、安格斯特拉苦精1滴、红樱桃一个、柠檬皮适量、冰块适量。

调制步骤:将适量的冰块放入调酒杯中,量取适量的酒水倒入调酒杯,用调酒题搅匀后,滤入三角鸡尾酒杯,用酒签穿起红樱桃装饰在杯中,撒上柠檬皮即成。

二十四、血玛丽

特色:16世纪中叶,英格兰女王玛丽一世以迫害残杀耶稣教徒而闻名于世。此款鸡尾酒就以她的名字命名,较适合于餐前饮用。

用具:调酒壶、量杯、冰桶及冰夹、古典杯、搅棒。

原料:伏特加45毫升、番茄汁适量、辣酱油1/2茶匙、精盐1/2茶匙、黑胡椒1/2茶匙、柠檬片一片、西芹棒一根、冰块适量。

调制步骤:将适量的冰块放入调酒壶中,量取适量的酒水倒入调酒壶,盖上壶盖摇匀后将酒倒入古典杯,撒上辣酱油、精盐、黑胡椒等,放入柠檬片、西芹棒搅匀即成。

二十五、青草蜢

特色:此款鸡尾酒入口清柔、甘甜顺滑,适合于餐后饮用。

用具:调酒壶、量杯、冰桶及冰夹、鸡尾酒杯。

原料:白可可甜酒 20 毫升、绿薄荷甜酒 20 毫升、鲜奶油或炼乳 20 毫升、冰块适量。

调制步骤:将适量的冰块放入调酒壶中,量取适量的酒水和鲜奶倒入调酒壶,盖上壶盖摇匀后,将酒倒入鸡尾酒杯即成。

附录二 酒吧专用英语

一、酒吧专用英语对话

1. Welcome to our bar.

欢迎光临我们的酒吧。

2. Nice to meet you again.

很高兴再次见到您。

3. Please wait a moment.

请稍等一下。

4. Is there anything I can do for you?

有什么事可以为您效劳吗?

5. Thank you for your coming, goodbye.

谢谢您的光临,再见。

6. Thank you, we dont accept tips.

谢谢,我们不收小费。

7. Would you like to have cocktail or whisky on the rocks?

您要鸡尾酒还是要加冰威士忌?

8. Do you honor this credit card?

这种信用卡你们这儿能用吗?

9. It is no sugar in the coffee.

咖啡里没加糖。

10. Please give me another drink.

请给我加一份饮料。

11. Wish you a pleasant journey.

祝您旅途愉快。

12. May I take your order?

我能为您点酒吗?

13. Here is the drink list, sir. Please take your time.

先生,这是酒单,请慢慢看。

14. I do apologize. Is there anything I can do for you?

非常抱歉,还有什么可以为您效劳吗?

15. Since you stay at our hotel, you may sign the bill.

既然您入住了我们的酒店,您就可以签单。

16. "Bourbon on the rocks" is Bourbon whiskey on ice cubes.

"Bourbon on the rocks"就是波本威士忌加冰块。

17. I'll return to take your order in a while.

等一会儿我会回来为您点单。

18. The minimum charge for a 100 people cocktail receptions is 2000 yuan, including drinks.

100 人的鸡尾酒会最低价是 2000 元,包括酒水。

19. What would you like to drink after dinner, coffee or tea?

晚饭后您想喝咖啡还是喝茶?

20. The bar is full now. Do you care to wait for about 15 minutes?

酒吧现在客满,请稍等大约一刻钟好吗?

二、酒吧专用英语词汇

(一)酒吧设备、设施等

counter 吧台

bar chair 酒吧椅

barman 酒吧男招待

barmaid 酒吧女招待

bottle opener 开瓶刀

corkscrew 酒钻

ice shaver 削冰器

ice maker 制冰机

ice bucket 小冰桶

ice tongs 冰勺夹

ice scoop 冰勺

cocktail shaker 调酒器

pouring measure 量酒器

juice extractor 果汁榨汁机

electric blender 电动搅拌机

water jug 水壶

champagne bucket 香槟桶

enamelled cup 搪瓷杯

ceramic cup 陶瓷杯

straw 吸管

decanter 酒壶

mixing glasses 调酒杯

beer mug 啤酒杯

champagne glass 香槟杯

measuring jug 量杯

wine glass 葡萄酒杯

brandy glass 白兰地杯

tumbler 平底无脚酒杯

goblet 高脚杯

（二）酒水、饮料、水果等

cherry 樱桃

lemon 柠檬

pineapple 菠萝

strawberry 草莓

olive 橄榄

cucumber 黄瓜

mint 薄荷

grapefruit 西柚

grape 葡萄

soda water 苏打水

rice wine 黄酒

appetizer 餐前葡萄酒

Budweiser 百威啤酒

Beck's 贝克啤酒

Carlsbery 加士伯啤酒

Guinness 健力士啤酒

drink 饮料

mineral water 矿泉水

orange juice 橘子原汁

orangeade, orange squash 橘子水

lemon juice 柠檬原汁

lemonade 柠檬水

beer 啤酒

white wine 白葡萄酒

red wine 红葡萄酒

champagne 香槟酒

cocktail 鸡尾酒

liqueur 白酒,烧酒

coke, coca cola 可口可乐

pepsi cola 百事可乐

sprite 雪碧

附录三　酒水容量换算表

名称	换算
少许(dash)	=4～5 滴(drops)
1 基格(jigger)	=1.05 盎司
1 杯(cup)	=8 盎司
1 盎司(oz)	≈28.4 毫升(英制)或者 29.6 毫升(美制)
1 茶匙(teaspoon)	≈1/7 盎司或者 4 毫升
1 汤匙(tablespoon)	=3 茶匙

参考文献

1. 龙凡. 酒吧服务 [M]. 北京:高等教育出版社,2010.
2. 郭光玲. 调酒师手册 [M]. 北京:中国宇航出版社,2007.
3. 刘专红. 酒水知识与酒吧管理 [M]. 上海:上海交通大学出版社,2012.
4. 张波. 酒水知识与酒吧管理 [M]. 大连:大连理工大学出版社,2008.
5. 林裕森. 葡萄酒全书 [M]. 北京:中信出版社,2010.

责任编辑:张萍

图书在版编目(CIP)数据

酒水知识与酒吧管理／何立萍编著. -北京：旅
游教育出版社，2016.5（2025.1 重印）

新编高职高专旅游管理类专业规划教材

ISBN 978-7-5637-3394-1

Ⅰ.①酒… Ⅱ.①何… Ⅲ.①酒—基本知识—高等职
业教育—教材②酒吧—商业管理—高等职业教育—教材
Ⅳ.①TS971②F719.3

中国版本图书馆 CIP 数据核字（2016）第 094852 号

新编高职高专旅游管理类专业规划教材

酒水知识与酒吧管理

何立萍　编著

出版单位	旅游教育出版社
地　　址	北京市朝阳区定福庄南里 1 号
邮　　编	100024
发行电话	(010)65778403 65728372 65767462(传真)
本社网址	www.tepcb.com
E-mail	tepfx@163.com
排版单位	北京旅教文化传播有限公司
印刷单位	唐山玺诚印务有限公司
经销单位	新华书店
开　　本	710 毫米×1000 毫米　1/16
印　　张	10.25
字　　数	154 千字
版　　次	2016 年 5 月第 1 版
印　　次	2025 年 1 月第 5 次印刷
定　　价	26.00 元

（图书如有装订差错请与发行部联系）